1. 牧草标准化生产流程

图 1-1　平地

图 1-2　犁地

图 1-3　土壤镇压

图 1-4　动力耙整地

图 1-5　整地

图 1-6　播种机播种

图 1-7　精播机播种

图 1-8　无人机播种

图 1-9　自走式喷灌设备

图 1-10　打药车喷药

图 1-11　植保无人机施药

图 1-12　苜蓿刈割

图 1-13　饲用燕麦刈割

图 1-14　摊晒机摊晒

图 1-15　搂草机搂草

图 1-16　打捆机打捆

图 1-17 捡拾车捡拾草捆

图 1-18 苜蓿干草棚

图 1-19　苜蓿青贮捡拾粉碎

图 1-20　饲用燕麦青贮料运输

图 1-21　苜蓿青贮裹包作业

图 1-22　苜蓿青贮压窖作业

图 1-23　饲用燕麦堆贮压实

图 1-24　苜蓿青贮包

图 1-25　牧草饲喂奶牛

图 1-26　人工牧草地牧羊

2.苜蓿

图 2-1　苜蓿裸种子

图 2-2　苜蓿包衣种子

图 2-3　苜蓿出苗

图 2-4　苜蓿分枝期

图 2-5　苜蓿现蕾

图 2-6　苜蓿开花

图 2-7　苜蓿结荚

图 2-8　苜蓿规模化种植

图 2-9　苜蓿—果树间作

3. 饲用燕麦

图 3-1　饲用燕麦种子

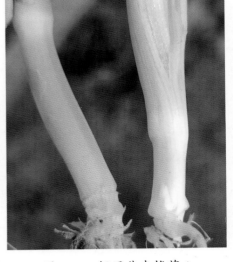

图 3-4　饲用燕麦拔节 1

图 3-2　饲用燕麦出苗

图 3-3　饲用燕麦分蘖

图 3-5　饲用燕麦拔节 2

图 3-6　饲用燕麦抽穗

图 3-7 饲用燕麦灌浆

图 3-8　饲用燕麦乳熟期

图 3-9　饲用燕麦完熟期

图 3-10　秋播燕麦霜冻期状态

图 3-11　秋播燕麦春季返青状态

图 3-12 　饲用燕麦品种试验

图 3-13 　饲用燕麦规模化种植

图 3-14　饲用燕麦成熟期

图 3-15　饲用燕麦干草捆

4. 饲用小黑麦

图 4-1　饲用小黑麦种子

图 4-2　饲用小黑麦苗期

图 4-3　饲用小黑麦抽穗期

图 4-4　饲用小黑麦扬花期

图 4-5　饲用小黑麦规模化种植

图 4-6　饲用小黑麦乳熟期

图 4-7　饲用小黑麦成熟期

5. 菊苣

图 5-1　菊苣种子　　　　　　　　图 5-2　菊苣叶丛期

图 5-3　菊苣单株

图 5-4　菊苣全株

图 5-5　菊苣刈收

图 5-6　菊苣饲喂猪

图 5-7　菊苣饲喂鸡

图 5-8　菊苣饲喂兔

图 5-9　牧草混播草地

河南省科学技术协会资助出版·中原科普书系

河南省"四优四化"科技支撑行动计划丛书

优质牧草标准化
生产技术

冯长松　　闫祥洲　　主编

中原农民出版社

·郑州·

编委会

主　编　冯长松　闫祥洲
副主编　杜红旗　李德锋　韩永芬　姜义宝
　　　　张晓霞　杨逢源　樊文娜
编　者　何　静　刘党标　赵　戬　李玉宗　朱世晨
　　　　胡传峰　吕先召　韩康康　李　军　娄治国
　　　　刘　磊　梁志妍

图书在版编目（CIP）数据

优质牧草标准化生产技术 / 冯长松，闫祥洲主编 . —郑州：中原农民出版社，2022.5
　ISBN 978-7-5542-2566-0

Ⅰ.①优… Ⅱ.①冯… ②闫… Ⅲ.①牧草-栽培技术-标准化
Ⅳ.①S54-65

中国版本图书馆CIP数据核字（2022）第024579号

优质牧草标准化生产技术
YOUZHI MUCAO BIAOZHUNHUA SHENGCHAN JISHU

出 版 人：刘宏伟
策划编辑：段敬杰
责任编辑：苏国栋
责任校对：韩文利
责任印制：孙　瑞
装帧设计：杨　柳

出版发行　中原农民出版社
　　　　　地址：郑州市郑东新区祥盛街 27 号　　邮编：450016
　　　　　电话：0371-65713859（发行部）　　0371-65788652（天下农书第一编辑部）
经　　销　全国新华书店
印　　刷　新乡市豫北印务有限公司
开　　本　787mm×1092mm　1/16
印　　张　7.25
字　　数　169 千字
插　　页　40
版　　次　2023 年 1 月第 1 版
印　　次　2023 年 1 月第 1 次印刷
定　　价　40.00 元

河南省农业科学院

兰考"现代农业科技综合示范县"项目资助

目录

一、牧草标准化生产概念、内容与意义 / 1

（一）概念 / 1

（二）内容 / 1

（三）意义 / 2

二、紫花苜蓿标准化生产技术 / 5

（一）植物学特征与生长发育特性 / 5

（二）播种技术 / 13

（三）田间管理 / 23

（四）收获 / 30

（五）倒茬轮作 / 35

（六）利用 / 35

三、饲用燕麦标准化生产技术 / 42

（一）植物学特征与生长发育特性 / 42

（二）播种技术 / 47

（三）田间管理 / 59

（四）收获 / 63

（五）利用 / 65

四、饲用小黑麦标准化生产技术 / 69

（一）植物学特征与生长发育特性 / 70

（二）种植地选择及播种 / 71

（三）田间管理 / 73

（四）收获与加工 / 75

（五）利用 / 78

五、菊苣标准化生产技术 / 80

（一）植物学特征与生长发育特性 / 80

（二）种植地选择 / 81

（三）田间管理 / 82

（四）收获 / 82

（五）利用 / 83

六、牧草干草调制的标准化生产技术 / 85

（一）牧草干草调制技术 / 85

（二）干草贮存 / 92

（三）质量评价 / 95

（四）饲喂技术 / 96

七、牧草青贮标准化生产技术 / 98

（一）牧草青贮技术分类 / 98

（二）牧草青贮技术 / 99

（三）青贮饲料质量评价 / 105

（四）饲喂技术 / 107

参考文献 / 110

一、牧草标准化生产概念、内容与意义

（一）概念

牧草标准化生产是以牧草为对象的标准化活动,即运用"统一、简化、协调、选优"原则,通过制定和实施标准,把牧草产前、产中、产后各个环节纳入标准化生产和标准化管理的轨道。具体来说,是指为了有关各方面的利益,对牧草产业经济、技术、科学、管理活动中需要统一、协调的各类对象,制定并实施标准,使之实现必要规范而合理的统一活动。

（二）内容

1. 基础标准　是指具有广泛的适用范围或包含一个特定领域的通用条款的标准,主要包括在牧草生产技术中所涉及的名词、术语、定义、符号、计量、包装、贮运及分析测试标准等。

2. 草种、种苗标准　主要包括草种、种苗等品种种性和种子质量分级标准、生产技术操作规程,包装、贮运及检验方法等。

3. 草产品标准　是指为保证草产品的适用性,对草产品必须达到的某一些或全部要求制定的标准,主要包括牧草产品品种、规格、质量分级、试验方法、包装、贮运、生产机具标准、农资标准以及草业分析测试仪器标准等。

4. 方法标准　是指以试验、检测、分析、抽样、统计、计算、测定、作业等方法为对象而制定的标准,包括牧草的选育、栽培、加工、利用等技术操作规程、规范,实验设计、病虫害测报、肥料农药使用等方法或条例。

5. 环境保护标准 是指为保护草地环境和有利于生态平衡，对环境质量、污染源、检测方法以及其他有关事项制定的标准。

6. 卫生标准 是指为了保护人体、养殖动物或草地栖息动物的健康制定的草产品卫生标准，主要包括草产品中的农药、重金属、霉菌、毒素等有害物质残留允许量的标准。

7. 草业工程和工程构件标准 是指围绕草业基本建设中各类工程的勘察、规划、设计、施工、安装、验收以及草业工程构件等方面需要协调统一的事项所制定的标准。

8. 管理标准 是指对牧草标准领域中需要协调统一的管理事项所制定的标准，如标准分级管理办法、牧草品种审定办法、牧草产品质量监督检验办法及其他各种审定办法等。

（三）意义

牧草标准化生产是牧草产业现代化建设的一项重要内容，是"科技兴草"的主要载体和基础。它通过把牧草生产先进的科学技术和成熟的草业经验组装成草业标准，推广应用到草业生产和经营活动中，把科技成果转化为现实的生产力，从而取得经济、社会和生态的最佳效益，达到高产、优质、高效的目的。它融先进的技术、经济、管理于一体，使草业发展科学化、系统化，是实现新阶段草业和农村种养业经济结构战略性调整的一项十分重要的基础性工作。

具体来说，其重要意义主要表现在以下几个方面：

1. 推行牧草标准化生产是市场供求形势发展的必然要求 随着人们对牧草营养价值的重视和牛羊产业的快速发展对优质牧草的需求越来越多，我国草产品尤其是高质量紫花苜蓿草、饲用燕麦产品的需求量呈急剧上升态势，而需求量的大幅增加必须立足于自给。在振兴奶业紫花苜蓿行动和粮改饲等政策的推动下，我国牧草产业体系虽初步形成，但牧草产业总体规模较小，满足不了草食畜牧业快速发展的需求。

目前国产牧草整体水平表现在：一是牧草产品质量整体水平有待提高，优质率低，优质高产的品种少；二是安全性未受到重视，有害物质残留超标问题还存在；三是草畜交接合格率低，加工增值率低；四是有注册商标的品牌少，覆盖率低。存在这些问题的根本原因是长时期以来草业生产与经营观念没有跟上市场经济形势发展的要求，忽视了草产品的质量和市场占有率，多数草产品生产过程粗放、随意，集约化程度低，草业科技含量不高，草产品标准和规范亟须在实际生产上得到切实的贯彻落实。

2. 推行牧草标准化生产是增加农民收入的重要途径　牧草标准化生产涉及草业产前、产中、产后多个环节，贯穿于草产品生产的整个过程。以市场需求为目标，制定、实施草业标准，可以综合运用新技术、新成果，实现草业资源的合理利用和草业生产要素的优化组合，促进草产业生产水平的整体提高，为提高草业效益奠定基础。

3. 推行牧草标准化生产是促进草业可持续发展的需要　解决草地生态、草食畜产品安全问题的根本措施就是通过推行草业标准化，不断提高农民科学用药、用肥和规范生产管理的自觉性，促进当地生产、生活、生态的协调发展。

4. 推行牧草标准化生产是推进草业现代化进程的重要战略举措　现代草业发展的实践证明，实施牧草标准化生产是全面提高草业素质，提高草产品质量的有效措施和重要途径。实施牧草标准化生产的过程就是推广草业新技术的过程，就是农民学技术、用技术的过程，是促进草业由粗放型向集约型、由数量型向数量质量并重型、由传统草业向现代草业的转变的过程。同时，实施牧草标准化生产是一条推广科学技术、指导草业生产的新路子，它促进了各级政府指导草业的工作方法，推动政府职能进一步向服务市场草业转变。因此，推行牧草标准化生产不仅会促进草业生产方式的变革，也是草产业与时俱进、开拓创新的重要举措。

5. 利于品牌创建　牧草标准化生产将全面改善草产品品质、提高其内在质量和外观品相，有利于优质草产品扩大市场占有份额，推动优质草产品在激烈的竞争中脱颖而出，成为驰名中外的名牌或品牌。在目前的形势下，草业要生存、要发展，要在国内外市场争得一席之地，只有靠质量过得硬、叫得响的名牌。同样，创不出名牌和品牌，没有名牌效应，农民收入也很难有大的增长。因此，从这个意义上说，抓住了草业标准化，就是抓住了市场，就能够提高草业效益、增加农民收入。

总之，牧草标准化生产是一项促进草业现代化建设的系统工程，这项工程包括草业标准体系、草产品质量监测体系和草产品评价认证体系三大体系建设。三大体系中，草业标准体系是基础，只有建立健全涵盖草业生产的产前、产中、产后等各个环节的标准体系，草业生产经营才有章可循、有据可依；草产品质量监测体系是保障，它为有效监督草业投入品和草产品质量提供科学的依据；草产品评价认证体系则是评价草产品状况，监督草业标准化进程，促进品牌、名牌战略实施的重要基础体系。三大体系是密不可分的有机整体，互为作用，缺一不可。牧草标准化生产的核心工作是标准的实施与推广，是牧草标准化基地的建设与复制，由点及面，逐步推进，最终实现牧草生产的基地化和基地的标准化。同时，牧草标准化生产的实施还必须推进完善草业质量监督管理体系，健全社会化服务体系，提高草业产业化组织程度和市场运作机制作保障。

二、紫花苜蓿标准化生产技术

（一）植物学特征与生长发育特性

1. 植物学特征 紫花苜蓿（图2-1）是世界上栽培较早、种植面积较大、种植国家较多，有较大饲喂价值和经济意义的一种多年生豆科牧草，享有"牧草之王"的美誉，其特点是产量高、品质好、适应性强。紫花苜蓿原产小亚细亚半岛、伊朗、外高加索一带，在北美、欧洲等地，以及我国的西北、华北、东北、黄淮海地区广泛分布。近几年来，紫花苜蓿被推广到我国华东的上海、西南的四川地区种植。现有许多生态类型及栽培品种，其一些农业性状随品种、自然条件及管理水平不同而有差异。

图2-1 紫花苜蓿

1）**根** 紫花苜蓿的根大部分属于直根系，分为主根和侧根，根系主要集中分布在土壤 0 ～ 30 厘米处，根系特别发达，主根粗，直径 2.5 ～ 5.0 厘米，入土很深，播种当年主根入土层深度可达 2.7 米，9 年生入土可达 10 米以上，有报道称紫花苜蓿主根入土最深达到 39 米，侧根主要分布在 20 ～ 30 厘米的土层；根茎近地面生长，其中 2 ～ 3 条根茎直径为 1 ～ 3.5 厘米，生长多年的可达 5.0 厘米以上，根茎芽形成地上茎枝；根瘤多集中在 5 ～ 30 厘米土层中的侧根上，20 ～ 30 厘米土层的侧根上根瘤最多。

2）**茎** 紫花苜蓿的主茎圆形或四棱形，茎高一般为 50 ～ 120 厘米，有的甚至高达 150 厘米以上。从基部根茎发出的分枝达 25 ～ 40 枝，多的可达 100 枝以上。主茎分节 25 个左右，分枝为 3 级以上，根据品种不同，紫花苜蓿有直立型、半直立型和匍匐型，生产中使用较多的为直立型，方便机械化刈割，但建立放牧型草地的主要为匍匐型。

3）**叶** 一般为羽状三出复叶，托叶大，卵状披针形；顶生叶片略大于侧生叶片，叶片长卵形、长倒卵状椭圆形或线状卵形，长 5 ～ 40 毫米，宽 3 ～ 12 毫米。叶片因品种及生育期不同有很大差异。

4）**花** 一般为总状花序，腋生，花序长 1.0 ～ 3.0 厘米，花 8 ～ 25 朵，特别的可多达 40 朵；苞片线状锥形；花呈蝶形，长 6 ～ 12 毫米；花梗短，约 2 毫米；花萼呈钟形，长 3 ～ 5 毫米；花冠一般为紫色，因此而称为紫花苜蓿，也有深蓝色等，因品种而异；雄蕊二体，花药同型，花柱稍向内弯，雌蕊柱头头状，子房线形，无柄，具胚珠 10 枚左右，子房基部具蜜腺。

5）**果实** 荚果呈螺旋形，螺旋中空，通常 1 ～ 3 圈，多者 5 圈，密生柔毛，或脱落，直径 3 ～ 7 毫米，成熟时棕色；每个荚果中含种子 4 ～ 8 粒，种子呈卵形或肾形，黄色或棕色，千粒重 1.5 ～ 2.05 克。由种皮、子叶和胚构成。种子寿命较长，一般为 7 ～ 8 年。

2. 生长发育特性 紫花苜蓿适宜温暖和半湿润到半干旱的气候，因而在我国多分布于长江以北地区，适应性广。在降水量较少的地区，也能忍耐干旱。抗寒性相对较强，能耐冬季低于 -30℃ 的严寒，在有雪覆盖的情况下，气温达 -40℃ 也能安全越冬，在东北、华北和西北等地区都可以种植，以平原黑土地区最为适宜。南方高温潮湿气候则生长不良，所以栽培较少。在冬季少雪的高寒地区，因气候变化剧烈，经常在春季遭受冻害，因此，必须选用抗寒品种，或采取适当保护措施才能栽培。

紫花苜蓿播种要求平均气温稳定在 5℃，最适宜生长温度为 25℃，年需 10℃ 以上积温在 1 700℃ 以上，能耐极端最低温 -30℃。紫花苜蓿适合生长在年降水量 400 ~ 800 毫米的地区，喜水不耐涝，超过 1 000 毫米降水量的地区不适合栽培。以 pH 为 6.5 ~ 8.0 的壤土和黏壤土为宜，可溶性盐分要求在 0.3% 以下，沙壤土也能适应。紫花苜蓿根部聚集根瘤菌，能够固氮，因此生产中追肥主要以磷、钾肥为主。

1) 种子萌发、出苗和幼苗生长　紫花苜蓿种子萌发的最适环境温度为 20℃；5 ~ 10℃ 亦可萌发，但速度明显减慢；高于 35℃ 萌发受到抑制。紫花苜蓿种子萌动时需先吸水膨胀，吸水量为种子干重的 85% ~ 95%。种子萌发的适宜土壤含水量为田间最大持水量的 60% ~ 80%。种子萌发的适宜环境氧气含量在 10% 以上，低于 5% 不能萌发。土壤含盐量超过 0.2% 时，种子萌发和幼苗生长均受到抑制。土壤中铝离子含量不宜超过 0.1 毫摩 / 升。覆土厚度以 1 厘米为佳；超过 3 厘米出苗缓慢，出苗率降低，苗弱。播种后表土板结会抑制出苗。环境条件适宜时，播种 4 ~ 7 天出苗，否则可能需要 2 ~ 3 周或更长时间。紫花苜蓿幼苗（图 2-2）生长的最适气温为 20 ~ 25℃。在适宜的环境条件下，幼苗生长 3 ~ 4 周进入分枝期。

图 2-2　紫花苜蓿幼苗

2) 分枝、现蕾、开花和结荚　分枝期及其后紫花苜蓿生长发育的最适气温为 15 ~ 25℃。高于 30℃ 紫花苜蓿生长变缓或出现休眠，高于 35℃ 紫花苜蓿常发生死亡，低于 5℃ 紫花苜蓿地上部分生长停滞，低于 -2.2℃ 地上部死亡。土壤含水量以田间最大持水量的 60% ~ 80% 为宜，高于 100%（即处于淹水状态）持续 3 天以上将导致烂根，低于凋萎系数则生长停滞。酸、碱、盐等障碍因子不利于根系生长。土壤 pH 7 ~ 8 最佳，低于 6 时根瘤难以形成，低于 5 或高于 9 时根系生长受到强烈抑制。土壤含盐量不宜超过 0.3%。土层过薄或地下水位过高都将限制根系向下生长。在适宜的环境条件下，分枝期（图 2-3）持续约 3 周进入现蕾期（图 2-4），现蕾期持续约 3 周进入初花期。从初花经盛花至末花，群体花期持续30 ~ 45 天。小花开放 2 ~ 5 天，雌蕊授粉后约 5 天形成荚果（图 2-5），结荚后 3 ~ 4周种子成熟（图 2-6）。

图 2-3　紫花苜蓿分枝

图 2-4　紫花苜蓿现蕾

图 2-5　紫花苜蓿结荚

图 2-6　紫花苜蓿种子

春播当年，紫花苜蓿生育期（从出苗到种子成熟）为 110 ~ 150 天，第二年及以后各年生育期（从返青到种子成熟）为 95 ~ 135 天，需要大于 5℃ 的活动积温 2 000 ~ 2 800℃。分枝期和现蕾期植株高度增加最为迅速，环境条件适宜时，每天生长可达 2 厘米左右。从出苗（或返青）经分枝、开花至结荚，地上生物量逐渐升高，结荚期达到高峰，而后下降，但蛋白质含量、干物质消化率和饲用价值逐渐降低。

3）**再生、越冬、返青、生长年限和利用年限** 初花期前后，紫花苜蓿根茎及茎基（合称为根冠）部位开始生成再生芽，并进一步发育为再生枝条。若及时刈割，则再生枝条迅速生长发育，否则将受到抑制。若刈割过晚，再生枝条高度超过 5 厘米，则其顶部生长点在刈割时将会遭受伤害，从而对下一茬的生长造成不利影响。在适宜的栽培管理条件下，初花期刈割，东北、西北和华北地区每年可刈割 2 ~ 5 茬，淮河流域每年可刈割 5 ~ 7 茬。第一茬和最后一茬所需生长期较长，7 ~ 9 周，中间各茬所需生长期较短，3 ~ 6 周。

入冬前，根冠部位形成的再生芽进入休眠状态，度过寒冷的冬季，春天气温升至 2 ~ 5℃ 时开始萌动，逐步发育为枝条，进入返青期。越冬期间根冠及休眠芽可耐 -10℃，甚至 -30℃ 的严寒（因品种而异）；若有积雪覆盖，在极端气温低于 -40℃ 的酷寒地区亦可安全越冬。萌动—返青期紫花苜蓿抗寒性下降，如遇 -8℃ 以下的倒春寒，则将造成冻害。

在适宜的气候和土壤环境条件下，紫花苜蓿生长年限可长达数十年。在集约化生产条件下，通常利用 3 ~ 5 年，然后轮作除豆科作物之外的作物。

4）**秋眠性和抗寒性** 秋眠性是紫花苜蓿生长对夏末秋初日照长度缩短所产生的反应，在北纬地区，秋季随着日照长度的缩短，紫花苜蓿植株出现俯卧生长及生长速度下降的现象，这种特性即为紫花苜蓿的秋眠性。抗寒性则是紫花苜蓿对低温胁迫的反应，是指紫花苜蓿在冬季耐寒并在春季恢复生长的能力。紫花苜蓿的秋眠性和抗寒性虽然在表型上存在一定的相关性，但却是两个独立的性状，故育种上选择秋眠性弱和抗寒性强的品种是可能的。现在生产上的品种介绍时分别用秋眠级数和抗寒指数来表示其秋眠性和抗寒性，可以用来选择适宜的栽培品种。

3. 紫花苜蓿的营养价值 紫花苜蓿含有丰富的蛋白质、矿物质和维生素等重要的营养成分，以及动物所需的必需氨基酸、微量元素和未知生长因子，在牛、羊等反刍动物以及猪、禽等单胃动物中都有较大的利用价值。与其他粮食作物相比，单位面积营养物质的产量也较高。随着我国农业结构的调整，以及对紫花苜蓿开发利用的深入，紫花苜蓿在畜、禽养殖中发挥越来越重要的作用。

1）紫花苜蓿的营养特点 紫花苜蓿的营养价值很高，主要有以下营养特点：初花期刈割的紫花苜蓿粗蛋白质含量为16%～22%；紫花苜蓿粗蛋白质主要存在于叶片中，其中30%～50%的粗蛋白质存在于叶绿体中；紫花苜蓿粗蛋白质品质优良，赖氨酸、色氨酸等氨基酸模式合理，组成比例较为均衡；氨基酸组成与乳清粉接近，仅次于鱼粉，赖氨酸含量高达1.06%～1.38%，比玉米的高4～5倍，有利于平衡谷物饲料中赖氨酸的不足。粗纤维含量为17.2%～40.6%，故紫花苜蓿干草属于粗饲料；而且紫花苜蓿中粗纤维可消化成分比例大，属优质纤维饲料。脂肪酸含量丰富，盛花期刈割的紫花苜蓿，α - 亚麻酸和亚油酸含量最高可达21.63克/千克和5.11克/千克，作为合成共轭亚油酸的主要前体物质，具有抑制肿瘤、调节脂质代谢等功能。富含维生素，特别是叶酸、维生素K、维生素E和维生素B_{12}。富含矿物质，如磷、钙、铜、铁、锰和锌等。含皂苷、多糖、异黄酮类物质及多种未知促生长因子。

（1）紫花苜蓿的粗蛋白质 紫花苜蓿中含有丰富的粗蛋白质，据报道，孕蕾期紫花苜蓿的粗蛋白质含量是玉米的2.74倍，其叶的粗蛋白质含量是玉米的4.3倍。研究表明，紫花苜蓿粗蛋白质含有20多种氨基酸，包括人和动物全部必需氨基酸和一些稀有氨基酸，如瓜氨酸、刀豆氨酸等。各种氨基酸的含量均以紫花苜蓿生长的幼嫩阶段最高，随着植株的逐渐成熟依次下降。在营养生长期、花前期、初花期、1/2盛花期和花后期，粗蛋白质含量分别为26.1%、22.1%、20.5%、18.2%和12.3%（干物质基础）。其中在初花期刈割的紫花苜蓿，其赖氨酸和蛋氨酸含量可达0.80%和0.28%，因此紫花苜蓿的最佳利用时期为初花期。此阶段刈割紫花苜蓿，不仅可以收获粗蛋白质含量及产量较高的干草，还不会影响下茬植株的生长。青贮也是合理利用紫花苜蓿的一项有效方法，青贮紫花苜蓿的粗蛋白质含量高于干草，源于其有适量的菌体蛋白。紫花苜蓿的品种不同，适宜生长的土壤和气候条件也不同，其粗蛋白质含量往往有一定的差异。研究发现，用钴、铜、锌、锰和硼等无机物处理土壤时，会改变紫花苜蓿蛋白质中氨基酸的组成。粗蛋白质含量的高低是反映饲草料营养价值的重要指标之一。在美国，市场上出售的豆科牧草（紫花苜蓿）和禾本科牧草，主要根据其粗蛋白质、中性洗涤纤维（NDF）、酸性洗涤纤维（ADF）含量或相对饲用价值（RFV）分为若干等级。

（2）紫花苜蓿的碳水化合物 碳水化合物（糖、淀粉、果胶、半纤维素和纤维素等）是一类重要的能量营养素，在动物日粮中占一半以上。通常分为非结构性和结构性碳水化合物。非结构性碳水化合物（NSC）存在于植物细胞内，主要包括淀粉、可溶性糖等成分，是容易消化的部分。结构性碳水化合物（SC）存在于植物细胞壁中，主要包括纤维素、半纤维素、果胶和木质素等，是不易消化的成分；其中NDF包括纤维素、半纤维素、木质素，是动物采食量的主要指标，NDF高时动物采食量下降；ADF不含半纤维素，是反映动物消化率高低的主要指标，ADF高的牧草产品其消化率低。美国国家研究委员会（NRC）指出，紫花苜蓿干草的NSC含量为12.5%（干物质基础），与禾本科干草（13.6%）接近，高于青贮紫花苜蓿（7.5%），其原因是紫花苜蓿的一部分可溶性糖在青贮过程中被微生物发酵产生了乳酸、乙酸等有机酸。紫花苜蓿干草的NSC主要是果糖、蔗糖和淀粉，不含有机酸；紫花苜蓿青贮的NSC主要是有机酸和淀粉，含糖少。在牧草营养价值评定中，NDF、ADF与粗蛋白质具有同样的重要性。紫花苜蓿干草中NDF、ADF两种物质的含量一般随着成熟期的延长而逐渐增加，例如，初花期刈割的优质紫花苜蓿干草的NDF、ADF含量分别为40%、30%，而盛花期刈割的紫花苜蓿中NDF、ADF两种物质的含量可能分别达到50%、40%（干物质基础）。

《中国饲料成分及营养价值表》中紫花苜蓿的消化能（DE）值为1.87兆卡/千克，能量低是紫花苜蓿等牧草的缺陷，但纤维在猪后肠发酵也可以产生能量。近年来研究发现，紫花苜蓿碳水化合物不仅能为反刍动物和一些单胃动物提供能量需求，而且给动物饲喂一定量的紫花苜蓿纤维，可以提高动物消化酶活性，促进动物的胃肠道发育和肠道有益菌群的繁殖。

（3）紫花苜蓿的脂肪酸　紫花苜蓿中含有丰富的脂肪酸。以 α-亚麻酸为主，含量在盛花期最高可达21.63克/千克；亚油酸次之，含量在现蕾期最高可达6.69克/千克；棕榈酸含量在初花期最高可达6.63克/千克；油酸和硬脂酸较少。生育期显著影响紫花苜蓿脂肪酸含量，α-亚麻酸和亚油酸总量在盛花期达到最大，亚油酸在现蕾期最大；不同品种对脂肪酸含量的影响差异不显著。开花期紫花苜蓿的饱和脂肪酸、不饱和脂肪酸和多不饱和脂肪酸含量分别占脂肪酸组成的33.4%、31.6%和29.8%。研究发现，在育肥猪日粮中添加亚麻油，可以降低料重比，显著提高猪肉中 ω-3多不饱和脂肪酸的含量，降低 ω-6/ω-3比值，进而改善肉质性状；但亚麻油中 ω-3多不饱和脂肪酸在猪肉中的沉积效率，低于同等含量的紫花苜蓿草粉。因此，鉴于亚麻酸对动物具有的重要生物学作用和生理学调控功能，以及紫花苜蓿脂质中存在大量功能性脂肪酸的事实，说明紫花苜蓿中的脂肪酸也同粗蛋白质、纤维素一样，可以为畜、禽的健康生长发挥重要的作用。

（4）紫花苜蓿的维生素和矿物质　紫花苜蓿中富含维生素，其叶酸、维生素 K、维生素 E、胡萝卜素、维生素 C 及各种 B 族维生素含量均很丰富，且是唯一含维生素 B_{12} 的植物性原料。其 β-胡萝卜素、叶酸和生物素平均含量分别为 94.6 毫克/千克、4.36 毫克/千克和 0.54 毫克/千克，是生物素利用率最高的原料之一。在紫花苜蓿草粉（粗蛋白质 19%）中，维生素 B_1、维生素 B_2、维生素 E、胡萝卜素、叶酸和生物素含量可达 5.8 毫克/千克、15.5 毫克/千克、144.0 毫克/千克、94.6 毫克/千克、4.36 毫克/千克和 0.35 毫克/千克。光照会影响紫花苜蓿中维生素 D 的合成，HorstRL 报道，日光照射条件下，田地生长的紫花苜蓿含 48 纳克/克维生素 D_2 和 0.63 纳克/克维生素 D_3；实验室内人工控制光照条件下，紫花苜蓿含 80 纳克/克维生素 D_2 和 1.0 纳克/克维生素 D_3。紫花苜蓿及紫花苜蓿提取物能够改善动物产品的色泽，与其类胡萝卜素含量较高有关。何欣等在产蛋鸡饲粮中添加紫花苜蓿草粉发现蛋黄色泽显著提高。詹玉春发现在南美白对虾饲料中添加紫花苜蓿提取物能改善其体色，且 6% 紫花苜蓿提取物在着色效果上优于合成色素加丽素粉红（虾青素）。紫花苜蓿中含有丰富的钙、镁、钾，干紫花苜蓿叶中含钙 1 380 微克/克、镁 2 020 微克/克、钾 20.1 毫克/克，高钙、高钾具有一定的强骨、降血压效果。镁具有提高免疫功能的作用，并参与核酸代谢，维持细胞膜稳定。

（5）紫花苜蓿的活性成分　紫花苜蓿中的活性成分包括紫花苜蓿多糖、紫花苜蓿皂苷、紫花苜蓿异黄酮、紫花苜蓿叶蛋白以及未知生长因子等。紫花苜蓿多糖是一种植物多糖，在现蕾期紫花苜蓿中含量最高可达 1.885%，具有免疫调节、促进动物免疫器官的发育和促进淋巴细胞的增殖转化等多种作用。紫花苜蓿皂苷可以促进胆固醇排泄，降低血清中的胆固醇含量，增加粪中胆固醇和胆酸的排泄量，降低脱氧胆酸和石胆酸的排泄量。Nowacka 等用高效液相色谱法测得紫花苜蓿根部皂苷含量比地上部分略高，分别占干物质的 2.43% 和 1.49%。异黄酮是植物雌激素的一种，具有类雌激素作用。近年来，大量研究发现，异黄酮植物雌激素具有抗癌、促进动物生长、增强机体免疫力、提高动物泌乳、增加产蛋等生理作用，不同刈割季节、不同品种及同一品种的不同部位的紫花苜蓿，异黄酮含量有差异，最高可达 3.784 毫克/克。鉴于紫花苜蓿异黄酮的类雌激素作用，建议在母猪饲料中紫花苜蓿草粉添加量以不高于 20% 为宜。紫花苜蓿叶蛋白是从青绿茎叶中提取的富含蛋白质的浓缩物，其成分为：蛋白质 50%～65%，碳水化合物 5%～20%，粗纤维 0.5%～1.5%，灰分 0.5% ~ 5%；含有 18 种氨基酸，富含赖氨酸，可以有效补充畜禽体中的赖氨酸；其叶黄素、胡萝卜素、脂肪酸、维生素和矿物质具有强身健体、延缓衰老、预防疾病等功能；且可以调节血脂，增加血红蛋白含量，增加的幅度与添加叶蛋白比例有关。除此之外，紫花苜蓿中还含有丰富的未知生长因子，这些未知生长因子有促进畜禽生长、增重的作用。

（二）播种技术

1. 选地

1）选地原则　紫花苜蓿适应性强，除低湿地、黏重土壤外，在其他土壤中均可正常生长，以排水性能良好，土层深厚，富含钙质的沙壤土生长最好。紫花苜蓿略耐盐碱，而不耐酸，以土壤 pH 6 ~ 7.5 为宜。酸性土壤可施用石灰调节土壤酸度，同时又增加了土壤当中的钙和镁。黏土地、低湿低洼地不宜种植紫花苜蓿，因此应选择平整、连片、无低洼积水的土地，这样才能够满足规模化、机械化紫花苜蓿种植、生长、刈割要求。另外，注意前作除草剂残留对紫花苜蓿的影响，如果前茬作物施用了含莠去津的除草剂会导致紫花苜蓿部分或全部死亡，这样的地块儿最好采用试种法选择合适的紫花苜蓿品种。

2）河南主要土壤种类的分布和施肥

（1）黄棕壤　是我国北亚热带绿阔叶和落叶林发育的地带性土壤，该土壤性质为弱富铝化、酸化、黏化。黄棕壤大致以伏牛山南坡 800 米等高线与淮河干流以南，呈狭长带状分布于河南省南部。该区所有的平原、盆地和山地丘陵皆为黄棕壤分布区。分布地：信阳（平桥区、光山、商城、新县、罗山、固始、潢川）、南阳（唐河、南召、西峡、内乡、桐柏、镇平、淅川）、三门峡（卢氏）、平顶山（武钢、鲁山）、洛阳（嵩县）。根据紫花苜蓿不耐酸、不适宜在黏土地种植的特点，在黄土壤分布的这些地区如果种植紫花苜蓿，需要调节土壤酸度至中性至微碱性。另外，该土壤黏度高，播种后不需要镇压。

（2）黄褐土　是我国淮河流域代表性土壤，也是热性灌草丛和低地草甸主要土壤，其性质为：有机质和氮素含量偏低，磷素贫缺，锌、钼含量低，硼极缺，钾素较丰富，铁、锰含量丰富。分布地：信阳（平桥区、光山、商城、息县、罗山、潢川、淮滨）、三门峡（卢氏）、周口（项城）、漯河（市区、郾城、舞阳）、南阳（镇平、西峡、淅川、内乡、南召、方城、叶县、桐柏、唐河、社旗、新野）、邓州、驻马店（西平、遂平、确山、泌阳、上蔡、汝南、平舆、正阳、新蔡）、平顶山（鲁山、舞钢）。在该土壤分布地种植紫花苜蓿，在整地时需要施足基肥，特别要增加磷肥施用量，也可适度施加微肥。

（3）棕壤土　在800～900米的中山山地，主要分布在豫西山地和豫北太行山地，在南部大别山、桐柏山地的顶峰部分亦有小面积分布。土壤呈微酸性至中性，pH 6.0～7.0，盐基饱和度与pH呈正相关。土壤有机质以及氮元素营养有很大变化，磷、钾含量高。分布地：林州、焦作（修武）、济源、驻马店（泌阳）、郑州（登封、巩义）、洛阳（栾川、嵩县、宜阳、新安、汝阳）、三门峡（灵宝、卢氏）、许昌（禹州）、平顶山（鲁山）、南阳（西峡、内乡、南召）、信阳（商城）。从土壤性质看，该土壤适合种植紫花苜蓿，但是该土壤一般处在山地，这也限制了该土壤分布地种植紫花苜蓿的潜力。

（4）褐土　是温带地区垂直分布的地域性土壤，特别是在暖温带分布较广，是河南省平原农区和低地草甸中比较常见的土壤，其性质为碳酸钙含量高，中性至微碱性，盐基饱和度在80%以上，有机质和全氮含量较低，磷含量低，微量元素锌、锰、铁、硼等含量较低。分布地：三门峡（渑池、义马、灵宝、卢氏）、安阳（安阳县、汤阴）、鹤壁（淇县、浚县）、新乡（新乡县、卫辉、温县、孟州）、郑州（新郑、登封、巩义、新密、荥阳）、洛阳（洛宁、汝阳、孟津、伊川、栾川、嵩县、宜阳、新安）、汝州、许昌（禹州、襄城、长葛）、平顶山（郏县、鲁山、宝丰）。该土壤分布地适合种植紫花苜蓿，并且种植紫花苜蓿有利于改善土壤、增加土壤的有机质和含氮量，为获得高产优质的紫花苜蓿草，建议在整地时施足基肥，多施磷肥。

（5）潮土　是河流沉积物受地下水运动和耕作活动影响而形成的土壤，也称为冲积土或草甸土，属半水成土，在我国黄河中下游的冲积平原分布较广。河南省潮土主要分布于豫东和豫北的黄河、惠济河、涡河、贾鲁河流域一带，是河南平原地区的主要土壤之一，也是河南省分布面积最大的一种土壤。该土壤性质为：土壤质地变化较多，中性至弱碱性。潮土有机质含量在5～11克/千克，全氮含量在0.4～0.89克/千克，全磷含量在0.4～0.6克/千克，全钾含量19.6～20.1克/千克，碱解氮含量32～64毫克/千克，速效磷含量1～3毫克/千克。分布地：濮阳、安阳、新乡、焦作、商丘、开封、郑州、洛阳、许昌、周口。该土壤分布地大多是农区，土壤养分全面，土地平整，适合紫花苜蓿大面积种植。在种植紫花苜蓿整地时施足基肥，按照常规管理方案即可获得较高的产量。

（6）砂姜黑土　有机质含量不足，严重缺磷少氮，但钾丰富。该土壤分布地：南阳、驻马店、信阳、项城、沈丘、商水、郾城、舞阳、舞钢、叶县、宝丰。该土壤在河南省分布面积较小，主要分布于低洼地带的农区和低地草甸中。在该土壤分布地种植紫花苜蓿整地时施足基肥，多施磷肥。

（7）水稻土　有机质丰富、氮素高，缺磷和钾，硫、铁、锰含量高，pH 为 6.5～7.5。分布地：信阳、林州、辉县、济源、鲁山、南阳（镇平、西峡、内乡、南召、桐柏、唐河）、驻马店（确山、泌阳、汝南、正阳）。在该土壤分布地种植紫花苜蓿整地时施足基肥，多施磷肥和钾肥。

（8）盐碱土　是指土壤中可溶性盐含量达到对作物生长有显著危害的土类。盐分含量指标因不同盐分组成而异。盐碱土是指土壤中含有危害植物生长和改变土壤性质的多量交换性钠。盐碱土主要分布在河南省黄淮海冲积平原的低洼地区，呈带状或斑状分布在潮土区，其中黄河、卫河沿岸分布的面积最大，其他地区仅有零星分布。在该土壤分布地种植紫花苜蓿时，需要进行土地改良使根系层的盐分减少到一定限度。由于盐碱土区往往是旱、涝、盐相伴发生，必须抗旱、治涝、洗盐相结合，因地制宜采取综合措施，可通过平整土地（以消除盐斑）、排水、灌溉、种稻、种植绿肥等措施来改良。同时，选择耐盐性紫花苜蓿品种。

2. 整地　整地质量的好坏，直接影响到土壤墒情、出苗率和出苗整齐度。平整土地，不能颠倒生、熟土层，必须是熟土层在上，生土层在下。在满足作业的条件下少动土方工程，必要时候种植绿肥肥地。紫花苜蓿生长期间最忌积水，连续淹水 24 小时可造成紫花苜蓿部分死亡。所以，种植紫花苜蓿的地块要求地势平坦，整地时不能破坏土地自有的排水系统；若破坏，应重新设计灌溉和排涝系统，以免造成田间积水。土地平整有利于机械化作业和进行田间管理。

1）翻地　翻地有浅翻和深翻两种。浅翻深度为 15～20 厘米；深翻深度为 25～30 厘米，深翻对紫花苜蓿种植更加有利。翻地能使紧实的土壤变得疏松，适合于紫花苜蓿种子萌发和根系发育，有利于保墒、有利于渗水排水。深翻可以直接消灭杂草，也可以把病菌、害虫卵蛹及幼虫深埋或翻出地面，使其死亡。秋季播种紫花苜蓿最好在杂草种子未成熟前整地播种，这样操作既可以除杂草又可以将杂草深埋地下作为绿肥。浅翻是为机械除草或快速翻地使用，一般不采取此种作业措施。

深翻土地要求深耕 25 ~ 30 厘米，耙地 6 遍以上，达到土壤疏松、地面平整。有条件的地方，可以用激光机平地，利用激光平整土地有利于灌溉、播种和收获。翻地前 5 ~ 7 天喷草甘膦杀死地面杂草，撒入辛硫磷毒土来防治蝼蛄、蛴螬、地老虎。在翻地前需要施足基肥，每亩施磷酸二铵 30 ~ 40 千克，钾肥 20 ~ 30 千克；或每亩施氮磷钾复合肥 50 千克。播后喷二甲戊灵或阔草清或普施特（咪唑乙烟酸）封闭土壤。

2）细耙　耙地的主要目的是耙平地面，耙碎土块，深拌土肥，耙出杂物。在播种前整地或春季紫花苜蓿返青前，如土壤过于板结，通过深松振动犁破除板结，松土透气，促进分蘖或新生枝条的生长。

3）镇压　可以压碎土块，压平土壤，使表土变紧。播种前镇压，有利于控制播种深度，更容易整齐出苗；有利于底层水分上升到表层，供给种子发芽利用。镇压的标准是一个成年人站上去，鞋底陷进土里 1 ~ 2 厘米。另外，黏度高的土壤不需要镇压。

3. 播种

1）选种　选择适合当地种植的紫花苜蓿品种是获得紫花苜蓿高产的关键，商品化紫花苜蓿种子有裸种子和包衣种子（图 2-7）。各个地区在种植紫花苜蓿选择品种时依据的主要因素为：当地的气候条件（降水量、温度、日照长度等）、土壤条件（土壤类型、土壤养分组成、土壤含水能力等）、品种特性［品种的秋眠级、适应性、自（疏）

图 2-7　商品化紫花苜蓿种子（左：裸紫花苜蓿种子　右：包衣紫花苜蓿种子）

毒作用、固氮能力和耐刈割程度等]、当地的病虫害程度、追求的目标（品质或高产）等。根据选择紫花苜蓿品种依据和了解紫花苜蓿品种特点基础上，选出候选品种并在该地区做品种试验，最终确定适应当地气候、土壤条件，最适秋眠级、适应性强、自（疏）毒作用弱、固氮能力强、抗热性强、抗病虫害强、耐刈割、品质好产量高的紫花苜蓿品种。

（1）选种依据

①从秋眠级角度选择紫花苜蓿品种，河南省各地区常规推荐秋眠级是 3～6 级紫花苜蓿品种，但抗寒性强非秋眠型紫花苜蓿品种也可以考虑。建议：河南省淮河以南推荐半秋眠型和非秋眠型紫花苜蓿品种；淮河以北黄河以南推荐秋眠级是 3～8 级紫花苜蓿品种，黄河以北推荐秋眠级是 3～7 级紫花苜蓿品种。

②从抗性角度选择紫花苜蓿品种，河南省应选择抗热性高，或抗病虫害或抗旱性强的品种。夏季炎热、病虫害严重，这极大减少了紫花苜蓿产量和降低了紫花苜蓿草品质，为更好提高产量和品质要选择抗热性高和抗病虫害的品种。长期干旱或者土壤漏水严重的地区，选择抗旱性强的品种有利于提高当地紫花苜蓿草产量，比如黄河滩沙性土壤（比如兰考）应该选择抗旱性强紫花苜蓿品种。

③从生产目标角度选择紫花苜蓿品种，分为追求高品质或高产量。

A. 若追求高品质紫花苜蓿草产品，根据生产紫花苜蓿草产品品质要求选择品种，虽然紫花苜蓿蛋白质含量相对其他大多数饲草蛋白质含量高，但是紫花苜蓿品种间草产品品质有差别，优质紫花苜蓿品种有叶茎比高、蛋白质含量高、相对饲用价值高等特点。另外也应该选择耐刈割紫花苜蓿品种，因为现蕾期前紫花苜蓿的品质较其后各生长发育期高，在现蕾期前刈割势必增加全年的刈割次数，增加刈割的次数有可能加剧紫花苜蓿株数的减少和缩短紫花苜蓿的生产年限，因此，追求高品质紫花苜蓿产品需要种植耐刈割的品种。

B. 若追求高产量目标，根据紫花苜蓿品种的产量差异选择紫花苜蓿品种。不同的紫花苜蓿品种，特别是不同秋眠型紫花苜蓿品种的产量差异较大，因此，要选择当地能高产的紫花苜蓿品种。

④从品种适应性角度选择紫花苜蓿品种。近些年，我国种植的紫花苜蓿品种 80% 以上是进口品种，目前发现进口品种并不能很好地适应我国的气候和土壤条件，出现了紫花苜蓿植株快速减少现象，因此，进口紫花苜蓿品种在国内驯化和选择后再在合适地区大面积推广是亟待要做的工作；最亟待要做的工作是开展我国紫花苜

蓿品种的选育工作。

（2）优良品种介绍

①巨能 601 紫花苜蓿是从美国引进高产优质型紫花苜蓿品种，根系发达，在不同土壤及环境条件下，根系发育特性不同。该品种秋眠级 6 级，抗寒指数 3 级，抗炭疽病、细菌性枯萎病、镰刀菌枯萎病、黄萎病、疫霉根腐病、北方根结线虫、茎线虫病。刈割后再生速度快，茎秆细，草品质好，耐湿热能力强，具有很高的生产潜力。巨能 601 紫花苜蓿耐热性好，适宜在华中、华东及华北地区种植。尤其适宜在山东、河南、江苏、安徽、江西、河北及云、贵、川等地区种植。巨能 601 紫花苜蓿在不同的种植区域可刈割 5 ~ 6 茬，水肥充足，管理良好的条件下亩干草总产量可达 1.4 吨以上。初花期刈割，干草中粗蛋白质含量 24% 左右。

② MF4020 紫花苜蓿是从加拿大引进的高产优质多叶型品种，秋眠级 4 级，抗寒指数 1.8 级，叶量丰富，叶茎比高，饲草品质好，再生性好，产草量高，抗旱能力强，抗炭疽病、细菌性枯萎病、镰刀菌枯萎病、黄萎病、疫霉根腐病、北方根结线虫、南方根结线虫、茎线虫病。MF4020 紫花苜蓿适宜在我国北方大部分地区种植，尤其适宜在宁夏、山西、甘肃、新疆、内蒙古及河北大部分地区种植。MF4020 紫花苜蓿在不同地区及管理条件下每年可刈割 3 ~ 5 茬，亩干草产量 1 000 ~ 1 200 千克，宁夏黄灌区、山西中部地区，亩平均干草产量 1 000 千克以上，在新疆北部地区灌溉条件下亩干草产量可达 1 200 千克以上。

③ MT4015 紫花苜蓿的秋眠级 4 级，抗寒指数 1.5 级，根冠入土深，抗寒、抗旱、抗风沙，越冬性能好，耐机械碾压，非常适宜在干旱的沙地种植，抗炭疽病、细菌性枯萎病、镰刀菌枯萎病、黄萎病、疫霉根腐病。MT4015 紫花苜蓿可在我国温带地区广泛种植，尤其适宜在内蒙古、陕西北部、甘肃等干旱的沙地及风沙大的地区种植。MT4015 紫花苜蓿在内蒙古赤峰地区沙壤土种植条件下，亩平均干草产量 800 千克左右。在水肥好的黄灌区，干草产量可达 1.2 吨 / 亩左右。

④旱地紫花苜蓿是从美国引进的优秀紫花苜蓿品种，它是育种家经过多年在丰产性、抗旱性和抗病虫性等方面进行综合选育而成的旱生紫花苜蓿品种。它的突出特性是根系发达，抗旱能力强，茎秆细，叶量多，草质佳，再生性好，草产量高，耐贫瘠、耐机械碾压，抗细菌性枯萎病、镰刀菌枯萎病、疫霉根腐病。旱地紫花苜蓿为秋眠型紫花苜蓿品种，可在我国温带地区广泛种植，尤其适宜在内蒙古、宁夏、甘肃、山西、青海、陕西北部种植，是这些地区旱作的首选品种。旱地在不同地区

及管理条件下每年亩平均干草产量 800 千克，最高可达 1.2 吨以上。在甘肃、宁夏南部地区的旱作条件下，亩平均干草产量 600 千克以上。

⑤巨能 801 紫花苜蓿是从美国引进的高产优质品种，主根粗壮，根系发达，长势好，秋眠级 8 级，耐夏季高温高湿气候，在夏季高温地区生长良好，耐刈割、再生速度快，草产量高，生产潜力巨大，饲草品质好；抗炭疽病、细菌性枯萎病、镰刀菌枯萎病、黄萎病、疫霉根腐病、北方根结线虫、南方根结线虫、茎线虫病。巨能 801 为非秋眠型紫花苜蓿品种，适宜在我国华中、华东及华南等亚热带地区种植，尤其适宜在安徽、湖南、湖北、江西、贵州等地区种植。巨能 801 在不同地区每年刈割 6 ~ 8 茬，全年亩干草产量 1.5 吨以上。初花期刈割，干草中粗蛋白质含量可达到 24%。

⑥耐盐之星紫花苜蓿是从美国引进的高产耐盐的紫花苜蓿品种，秋眠级 4 级，抗寒指数 1.8 级，耐盐碱能力强，侧根非常发达，产草量高，再生性好，抗炭疽病、细菌性枯萎病、镰刀菌枯萎病、黄萎病、疫霉根腐病、北方根结线虫、茎线虫病。耐盐之星紫花苜蓿为半秋眠型紫花苜蓿品种，适宜在我国北方大部分地区种植，尤其适宜在新疆、甘肃、宁夏、山西、内蒙古、河北及河南大部分地区种植。在总盐含量 2% ~ 3% 的土壤上种植，长势及产量显著优于普通的非耐盐品种，出苗整齐，长势好，产量高，是盐碱地种植的首选品种。耐盐之星在不同地区及管理条件下每年亩干草产量 1 000 ~ 1 200 千克。

⑦威神紫花苜蓿是从加拿大引进的多叶型紫花苜蓿品种，多叶率达 76%，叶茎比高，草质柔嫩，消化率高，秋眠级 4.4 级，抗寒指数 1.5 级，在同秋眠级紫花苜蓿品种中抗寒性突出，耐盐碱能力强，适应性非常广。威神紫花苜蓿为半秋眠型紫花苜蓿品种，适宜在我国北方大部分地区种植，尤其适宜在宁夏、山西、甘肃、新疆、内蒙古、河北及河南大部分地区种植。威神紫花苜蓿在不同地区及管理条件下每年亩干草产量 1 吨左右，有的地区可达 1.2 吨以上，干草中粗蛋白质含量最高可达 24%。

⑧ WL363HQ 紫花苜蓿的秋眠级 5 级，抗寒指数 1 级，是近年培育出的极耐寒并具高产量潜能的紫花苜蓿新品种；每年 4 ~ 6 次刈割条件下，均可保持高的牧草产量。WL363HQ 紫花苜蓿在消化率对比试验中始终名列前茅，在多种土壤类型及种植条件下，都可以保持极高的相对牧草质量（RFQ）和总可消化养分（TDN）；WL363HQ 紫花苜蓿持久性优异，再生能力强，耐频繁刈割，适宜密集收获的生产

管理方式。WL363HQ 多叶率高达 83%，叶色深绿，叶量丰富，茎秆纤细，适口性好；WL363HQ 特有的较长时间保持高饲喂价值的特性，提高了收获灵活性。在因雨水等原因延误收获的情况下，种植该品种可避免干草和半干青贮草产品品质下降的风险；WL363HQ 抗病能力强，抗线虫及其他害虫，能在多种土壤类型及气候条件下保持高产。

⑨ WL354HQ 紫花苜蓿抗病害能力强，WL354HQ 特有的同时高抗丝囊霉根腐病生理小种 1 和生理小种 2 优势，增强了其在潮湿土壤环境中的生存能力，提高了建植率、生活力及牧草产量；WL354HQ 秋眠级 4 级，抗寒指数 1 级，突破了在寒冷地区只能种植秋眠级 2 ～ 3 级紫花苜蓿品种的局限。WL354HQ 紫花苜蓿相对牧草质量及总可消化养分极高，适合多种干草生产条件，刈割后恢复能力强，再生速度快，适宜密集刈割的收获管理方式。

⑩ WL366HQ 紫花苜蓿的秋眠级 5 级，抗寒指数 1 级，是最新培育的牧草产量高、抗寒能力强的紫花苜蓿品种。WL366HQ 再生速度快，每年可刈割 4 ～ 6 次，保持了较高的牧草产量。WL366HQ 茎秆纤细，叶片含量高，具有较高的饲喂价值。WL366HQ 高抗疫霉根腐病、镰刀菌枯萎病等主要紫花苜蓿病害，适宜在多种土壤类型及环境条件下种植，并保持良好的品质。WL366HQ 春季返青早，刈割后恢复能力强，适宜密集刈割的管理方式。WL366HQ 抗寒性优异，即使在极端气候条件下，仍能表现出卓越的持久性。

⑪ WL440HQ 紫花苜蓿的秋眠级 6 级，是最新培育的高品质半秋眠型紫花苜蓿品种。WL440HQ 每年 5 ～ 7 次的刈割条件下均能保持极高的牧草产量。WL440HQ 消化率高，总可消化养分高，相对牧草质量高。WL440HQ 抗病虫害能力强，高抗疫霉根腐病、镰刀菌萎蔫病等主要紫花苜蓿病害，高抗茎线虫及根结线虫，高抗三种常见蚜虫，适宜在多种土壤类型及环境条件下种植，并保持良好的持久性。WL440HQ 叶色深绿，叶量丰富，茎秆纤细，适口性好。WL440HQ 刈割后恢复迅速，再生速度快，抗倒伏能力强。WL440HQ 在内蒙古、东北等寒冷地区作为一年生品种种植，满足高产，优质的生产需求。在因雨水等原因延误收获的情况下，种植该品种可降低牧草和半干青贮品质下降的风险。适宜种植区域：内蒙古、新疆、甘肃、宁夏、陕西、四川、重庆、贵州、云南、山西、河北、北京、天津、山东、河南、安徽、江苏等的大部分地区。

⑫ WL903 紫花苜蓿抗倒伏能力强，是典型的直立型、非秋眠型紫花苜蓿品种。

WL903秋眠级9级，冬季仍能保持旺盛生长。WL903高抗所有紫花苜蓿常见的病害，尤其高抗细菌性萎蔫病、镰刀菌萎蔫病、黄萎病、炭疽病和疫霉根腐病五大紫花苜蓿病害。WL903刈割后恢复迅速，再生能力强，适宜密集收获的生产管理方式。WL903在多个区域及多种土壤条件下都可以保持极高的牧草产量，在云南省全省范围内每年至少可刈割8次，平均鲜草产量17.62吨/亩。WL903粗蛋白质含量24%，粗纤维含量19%，粗脂肪含量2.5%，营养丰富，牧草品质优良。可利用该品种不秋眠，再生速度快的品种特征，在内蒙古、东北等寒冷地区作为一年生品种种植。

2）种子的处理　商品化的紫花苜蓿种子已进行清选，除去杂质、秕种和杂草种子等。种子的净度和发芽率要达到85%以上。使用根瘤菌或药剂包衣的紫花苜蓿种子能够提高出苗率，培育壮苗，控制和减轻有害生物的危害，接种根瘤菌可提高结根瘤率，提高草的产量。紫花苜蓿根瘤菌的拌种方法是每1 000克紫花苜蓿种子拌紫花苜蓿根瘤菌剂100～150克（国家标准每克含活菌2亿个）。根瘤菌为活体微生物，拌种时应避免阳光直接照射，最好是当天拌种当天播种。已拌过根瘤菌的紫花苜蓿种子不可再与化学农药或生石灰等接触，以免杀死根瘤菌。如果从防治病虫害角度考虑，用种子重量0.3%的2.5%咯菌腈悬浮种衣剂或与防治地下害虫的杀虫剂进行拌种，可防治种子带菌及土壤传播的真菌性病菌或地下害虫。

3）播种方法

（1）播种时期　紫花苜蓿种子在5～6℃时即可萌发，适宜种子发芽和植株生长的温度为10～25℃，田间土壤持水量在70%～80%，春、夏、秋季都可以，目前规模化紫花苜蓿种植大多采用秋播方式进行。秋季正值雨季末期，土壤墒情好，温度适宜，杂草的生长势减弱，病虫害发生较轻，有利于幼苗生长。秋季播种紫花苜蓿根扎得浅，应在降霜前40～50天完成播种，植株生长高度应达到10厘米以上，保证根部有足够的养分积累，以便紫花苜蓿能安全越冬。秋播不能过晚，过晚容易造成紫花苜蓿养分积累少，不利于安全越冬。不同气候带紫花苜蓿品种播种时期不同，河南地区紫花苜蓿秋播一般9月至10月中旬播，不晚于10月25日。播种时应有良好的墒情，底墒好是全苗的基本条件。

如果春季播种，要求地温稳定在5℃以上时即可播种，河南地区紫花苜蓿春播可在3月上旬和中旬进行，可以选择秋眠级稍高的紫花苜蓿品种。春季播种由于风沙大，土壤干旱，应注意及时浇水确保种子出苗和幼小根系对水分的需求，以免因干旱造成种子不出苗或出苗后干旱枯死；春季一般气温变化较大，应注意防止倒春寒现象的发生。

如果夏季播种，在河南区域内完全可以选择非秋眠型紫花苜蓿品种；但无论是春季还是夏季播种都要做好杂草防除，避免因草荒而使紫花苜蓿无法建植。春播当年紫花苜蓿的根扎得深，可深至200厘米以上，春播紫花苜蓿当年产草量比夏播的高30%左右。

（2）播种量　播种量的多少与种子质量和发芽率有关，播种时必须进行种子品质鉴定。一般种子的纯净度和发芽率应高于90%，纯净度和发芽率低的种子会影响紫花苜蓿的产量。同时紫花苜蓿播种密度应由紫花苜蓿生物学特性、种子大小、土壤肥力、整地质量、播种时期及播时的气候条件等因素决定。播种密度不仅影响紫花苜蓿产量和植株的形态发育，而且对紫花苜蓿品质影响较大，但对其细胞壁的化学组分（木质素、中性洗涤纤维、酸性洗涤纤维、纤维素、半纤维素等）影响较小。纯净而发芽率高的种子每亩播种量应控制在1千克左右，有利于建植。播种量过大投入成本高，而植株生长密度过大，影响田间通风透光，易引起倒伏和加重病害的发生。播种量过低，密度稀疏，则影响当年紫花苜蓿的产量。一般裸种的播种量控制在每亩1～1.5千克，包衣种子的播种量控制在每亩1.8～2.5千克。播种量适量提高有利于提高第一年产量和品质。另外，不同地区，不同气候带，不同土壤条件播种量可以有差异。

（3）播种方式　紫花苜蓿播种方式一般分为条播、撒播、混播和穴播4种。目前生产中主要采用的播种方式是条播（图2-8）。

条播是河南省苜蓿采用的主要播种方式。条播的行距一般为15厘米左右，规模化种植时一般采用机械化作业。条播田通风透光性较好，便于中耕除草和施肥，有利于提高紫花苜蓿的产量。

（4）播种深度　播种深度与土壤水分、土壤类型、播种季节和土壤

图2-8　条播

紧实度有关。紫花苜蓿种子细小，长2.5～3毫米。胚轴短，顶土能力差，为了保证出苗质量，适当浅播十分重要。播种过浅，部分种子裸露在地表，不利于种子萌发；播种过深，出苗率低，甚至不出苗。紫花苜蓿播种时覆盖不宜过深，一般1.5～3厘米为宜，可遵循以下原则：疏松土壤宜深，黏重土壤宜浅；土干时宜深，土墒好宜浅；春季干旱时宜深，夏季雨季宜浅。一般情况下土壤墒情好时，播种深度为1.5～2厘米；土壤墒情差时，播种深度为2～3厘米。不同土壤条件播种深度不同。黏土地播种深度1.5～2厘米，沙土地2～3厘米。在土壤墒情差时，紫花苜蓿播种后应尽快进行镇压，使用V形镇压器，压碎土坷垃，并使土壤呈细颗粒状，使种子与土壤紧密接触，吸收水分，有利于发芽和生根，防止"吊根"死苗现象，提高成活率。播种与镇压配合方式有播种—镇压，或镇压—播种兼镇压，但黏性土壤不需要镇压。目前现代化机械作业可一次性完成播种和镇压工序，紫花苜蓿播种最好使用紫花苜蓿专用播种机（图2-9）。

图2-9　紫花苜蓿专用播种机

（三）田间管理

1. 施肥　紫花苜蓿为多年生牧草，生长过程中需要充足的养分供应，施足基肥是紫花苜蓿高产的基础。一般低肥力地块，每亩施氮肥3～4千克，磷肥6～8千克，钾肥8～10千克，或施紫花苜蓿专用肥45～55千克。肥力较高的地块，每亩施用氮肥2千克，磷肥4～6千克，钾肥6～8千克，或施紫花苜蓿专用肥35～45千克。也可每亩施用农家肥1 500～2 000千克，施用农家肥后，化肥的用量可比上述用量减少30%左右。农家肥具有速效性和持效性，有改良土壤结构的作用。紫花苜蓿生长还需要一些其他肥料，如钙、硼、钼、硫等微量元素肥。对于缺乏微量元素钙的地块可以施入少量石灰以供作物生长需要。硼以每亩施入硼砂0.5～1千克，对严重缺硼的地区，可适当增加施用量。钼以每亩施入钼酸钠10克为宜。硫以每亩施入硫酸锌 0.5 ~ 1 千克为宜。最好使用根据测土配方制定的肥料。施基肥一般采用抛肥。

紫花苜蓿喜肥，紫花苜蓿生长过程中不断地消耗土壤中的养分，每次刈割后也带走了许多养分，为保证紫花苜蓿高产稳产，及时合理施肥，保证养分供应是提高紫花苜蓿产量的重要措施。当前紫花苜蓿规模化种植普遍采用的施肥方式有抛肥机施肥、无人机施肥和水肥一体化施肥。实际生产中，每生产紫花苜蓿干草 1 000 千克，需磷 2 ~ 4 千克，钾 10 ~ 15 千克，氮 10 ~ 15 千克，钙 15 ~ 20 千克。紫花苜蓿根部可形成大量的根瘤菌，根瘤菌有固定空气中游离氮的作用，因此，紫花苜蓿田一般情况下不需要施用大量的氮肥，但在紫花苜蓿幼苗期根瘤未形成之前，施用少量的氮肥作基肥，有利于促进根瘤的形成和幼苗的生长。虽然紫花苜蓿根系发达，在土中扎根较深，对土壤养分利用能力强，但由于产草量高，每年刈割多次，对土壤养分的消耗也比其他作物要多，为补充由于收获造成的养分消耗，可在紫花苜蓿生长期内，根据植株发育需要，在紫花苜蓿春季返青期、分枝期、现蕾期或每次刈割后结合灌溉适时追施各种肥料，以保证养分持续供应。

紫花苜蓿追肥一般在冬季最后一茬刈割后或早春进行。追肥的方式主要有抛肥、播肥和深松施肥 3 种形式。抛肥作业时应注意抛肥均匀，无重抛和遗漏。播肥机播肥时需保证肥料可以播入土壤深度 3 厘米，并且不能过多地翻动紫花苜蓿地，避免翌年第一茬紫花苜蓿的灰分过高。采用冬季紫花苜蓿深松机松土时，肥料可伴随施入。施肥后应及时进行灌溉浇水。除此之外，还应根据田间实际情况，适当追施一些钼、硼、硫、锌、镁等微量元素肥，以供紫花苜蓿生长的需要。

氮肥、磷肥和钾肥被称为三要素肥料，在紫花苜蓿生长发育过程中所起的作用不同。氮是蛋白质、酶、核酸、核蛋白和维生素等组成的重要元素，在紫花苜蓿营养器官和繁殖器官生长发育中起着重要作用，被视为生命的基本元素。磷是原生质、细胞核、核酸、磷脂、腺苷三磷酸和多种辅酶等的组成元素，在植物的光合作用、呼吸作用、碳水化合物合成、蛋白质合成、脂肪代谢、细胞核形成、细胞分裂、干物质的积累、根系的生长、种子的形成等方面起着重要的作用。磷在紫花苜蓿体内的含量一般在 0.2% ~ 0.4%，低于 0.2% 则表现为缺磷。钾是蛋白质合成所必需的元素，对一些酶活化和诱导、光合作用、碳水化合物合成与降解、淀粉运输、叶面积增大、气孔开放、细胞渗透压、增强作物抗逆性等方面起着重要作用。钾在紫花苜蓿体内的含量可高达 2.4%，临界水平为 1.8%。钾肥不足时，叶片前端边缘易产生小白斑，植株生长细弱，易倒伏，抗性减弱，容易发生病虫害。因此平衡施肥是紫花苜蓿获得持续高产、稳产的重要措施之一。

紫花苜蓿的根瘤菌能固定氮素，对氮肥不敏感而对磷、钾肥较敏感，尤其是接种根瘤菌剂的紫花苜蓿一般追施氮肥量少。试验表明，多施氮肥会抑制根瘤菌的固氮作用，造成减产。但一些高产紫花苜蓿增施一定氮肥，可以促进根瘤菌的形成，增加固氮能力，促进光合作用，提高产量。这是因为高产紫花苜蓿的根瘤菌固氮量不能满足其生长需要，尤其是在与禾本科牧草混播时，氮肥需要量会更大。紫花苜蓿中43%～64%的氮是通过生物氮固定而获得的，生物氮固定效果受多个因子影响，包括紫花苜蓿的田间管理、土壤 pH、钾和磷的含量等，如施钾可以增加紫花苜蓿根瘤数、提高碳交换速率和碳水化合物由茎向根瘤的转移速度。这一结果十分重要，特别是紫花苜蓿在刈割后，利用足够的钾刺激植株再生，可以增强紫花苜蓿固定氮的能力。

紫花苜蓿中磷的含量虽然远低于氮和钾，但在中国的许多地方，磷是制约紫花苜蓿生产的主要养分元素，磷在紫花苜蓿幼苗发育期是非常重要的，幼苗对磷的吸收非常迅速。当紫花苜蓿叶形变小，颜色暗绿，叶片变厚时，表明已缺乏磷素，需立即追施磷肥。据张英俊等报道，紫花苜蓿中磷充足水平或临界水平为0.25%，初花期的紫花苜蓿植株含磷量低于0.23%时表明缺磷，而健壮的植株为0.30%以上。磷的施用数量主要取决于土壤中有效磷含量和紫花苜蓿产量的高低。有效磷含量低，目标产量高，就要多施，同时由于磷肥容易被土壤固定，且肥效慢，利用效率只有10%～20%，因此，磷肥施用量远大于紫花苜蓿的吸收量，宜在春季或秋季施肥。

钾是紫花苜蓿所需的第二大营养元素。钾在紫花苜蓿中的含量临界水平为1.8%。我国北方大部分地区土壤中钾的含量较高，一般能满足紫花苜蓿生长的需要，在紫花苜蓿生长过程中根据其长势确定养分供应状况，发生缺元素症状时，可有针对性进行叶面喷施营养元素，如喷施磷酸二氢钾溶液、钼酸铵溶液、硫酸锌溶液和硼酸溶液等，以补充磷、钾肥和微肥的不足，但要注意喷施溶液的浓度。茎细小柔弱易倒伏等现象，都是缺钾造成的，施钾肥可以促进紫花苜蓿刈割后再生长。另外，钾不仅能增加紫花苜蓿的根长和根重，使紫花苜蓿具有更发达的根系以吸收更大范围的营养物质和水分，还可增加根瘤数，提高根瘤质量和固氮能力。

2. 灌溉 紫花苜蓿是一种耗水量较大的作物，在整个生育过程中需要大量的水分才能满足生长需求。根据有关资料报道,每形成1千克干物质消耗700～800克的水分。干旱对产量影响极大,干旱下紫花苜蓿与良好灌溉下紫花苜蓿长势对比见图2-10,尤其是第二、第三茬紫花苜蓿,要使紫花苜蓿获得高产,灌溉是一项非常重要的措施。紫花苜蓿播种后应视土壤墒情及时进行灌溉,确保出齐苗,出壮苗。北方春季干旱、风大,特别是沙壤土地表层易干旱,及时灌溉尤为重要。紫花苜蓿种子小,播种浅,灌溉时应禁止大水漫灌,防止种子被水冲走,造成田间缺苗断垄。紫花苜蓿地灌溉方式有喷灌和漫灌(图2-11),我国大面积种植紫花苜蓿基本均采用喷灌。

图2-10　干旱下紫花苜蓿与良好灌溉下紫花苜蓿长势对比

图2-11　紫花苜蓿地灌溉方式

当土壤水分不能满足紫花苜蓿正常生理需要时,应及时进行灌溉。适时灌溉可提高作物的产量和品质。灌溉应视土壤水分和降水量而灵活掌握。也有人在生产实践中根据紫花苜蓿叶片的颜色决定是否灌溉:叶片鲜绿,表示水分供应正常;叶片深绿或灰深绿色,则表示应该补充水分。冬季(冬至)、春季返青(2月中下旬)、每次刈割后（刈割后 3 天）要及时灌溉才能确保产量。

1）**冬灌** 有利于提高紫花苜蓿的越冬率和翌年第一茬产量，在冬至前后进行。当年秋播紫花苜蓿苗较小时一般不冬灌。

2）**返青期灌溉** 一般在 2 月中旬至 3 月上旬进行，对提高第一茬产量有利。

3）**刈割后灌溉** 每次刈割后，天气干旱时，可结合施肥进行灌溉。

4）**夏季高温期灌溉** 即使不干旱，灌溉也有利于降温。夜间灌溉效果好，可提高夏季紫花苜蓿产量。紫花苜蓿需水但忌水淹，夏季降水量大，田间积水时应在 24 小时内及时排出，以免田间积水引起根部缺氧造成植株死亡。

3.病虫害防治 紫花苜蓿为多年生豆科牧草，在生长过程中容易受到病虫害的危害，使紫花苜蓿产量与质量下降。紫花苜蓿病虫害主要有褐斑病、白粉病、锈病、根腐病、黑茎病、叶斑病、蚜虫、蓟马等类。

1）**病害防治措施** 紫花苜蓿病害要采取综合性的防治措施。目前在紫花苜蓿病害的综合防治体系中，药物的使用十分有限，因此对于紫花苜蓿病害的防治要更加注重"防"，并且更加依赖于农牧措施，包括在整地、播种、田间管理、收获以及利用等环节中做好病害的防治工作。抗病品种的利用是目前防治紫花苜蓿以及其他牧草病害的最有效也是最主要的措施之一。合理种植有效防治病虫害。紫花苜蓿种植不宜连作，最好选择未种植过紫花苜蓿的地块或者即使以前种植紫花苜蓿，但是已经倒茬 2 年以上的地块，这样可以有效预防紫花苜蓿病害。在播种前对紫花苜蓿种子进行杀菌剂拌种是提高紫花苜蓿种子发芽出苗率以及防治病虫害的主要措施。加强田间管理有效防治病害。合理地施肥足以增强植株的抗病能力，补偿植株因病害而损失养分，并要以提高土壤的肥力。土壤湿度过大、空气潮湿是紫花苜蓿发生某类病害的主要原因，因此要合理地灌溉，并在雨水较多的季节做好排水工作。当发现病害在田间流行时要及时地刈割，可以减少菌源，以免下茬草染病。紫花苜蓿在春季返青后，如果发现病株要及时铲除，以免侵染其他健康植株。

2）**虫害防治原则** 紫花苜蓿害虫防治原则是"以防为主，综合防治"。有些昆虫不是直接危害紫花苜蓿的营养部分，而是破坏紫花苜蓿的花和种子。大多数有害昆虫可用杀虫剂来控制，但必须避免药剂在紫花苜蓿上残留过量影响家畜的身体健康和毁灭传粉者或有益的寄主生物。

（1）**蚜虫和蓟马的防治** 夏季刈割后用高效氯氰菊酯＋吡虫啉，或乙基多杀菌素（防治蓟马首选药物）喷洒。

（2）草地螟的防治　草地螟多采用辛硫磷。

根据药品的更新换代，应当依据害虫种类选择低毒高效安全的防治药品。施药时使用专用的药用喷雾机械。

4. 杂草防除　紫花苜蓿田的杂草主要是禾本科杂草和阔叶杂草。紫花苜蓿最容易受到杂草危害的时期主要是幼苗期和夏季刈割后。在幼苗期由于紫花苜蓿幼苗地上部生长缓慢，而杂草的生长速度较快，因此会大量消耗紫花苜蓿生长所需的水分和养分，造成紫花苜蓿生长受阻。在夏季刈割后，由于雨热同期，杂草生长迅速，同紫花苜蓿争夺养分，影响刈割后紫花苜蓿的生长，进而影响紫花苜蓿的产量和质量。杂草盖度超过 10% 应进行药剂防治，三叶一心前药剂防治效果最佳。喷施除草剂时注意留有窗口期。

1）按季节选用除草剂

（1）冬春季防治　冬春季时主要防除十字花科杂草，如荠菜、播娘蒿（米米蒿）、婆婆纳，推荐使用咪唑乙烟酸、唑嘧磺草胺等除草剂。

（2）夏季防治　夏秋季时主要防除禾本科杂草，如牛筋草、马唐、狗尾草等，选用精喹禾灵、烯草酮、高效氟吡甲禾灵等除草剂。

特别是夏季在紫花苜蓿刈割几天后喷施对紫花苜蓿生长无影响的除草剂可以达到提前除草的目的。

2）按生长期选用除草剂

（1）紫花苜蓿地播种前适用的除草剂　紫花苜蓿地播种前适用的土壤处理除草剂主要有 48% 仲丁灵乳油、48% 氟乐灵乳油、48% 甲草胺乳油、90% 乙草胺乳油等。播种前适用于地上杂草茎叶处理的除草剂主要有 41% 草甘膦钾盐水剂、74.7% 草甘膦铵盐可溶粒剂等。

（2）紫花苜蓿地播种后苗前适用的除草剂　紫花苜蓿地播种后苗前适用的除草剂主要有 48% 仲丁灵乳油、90% 乙草胺乳油、72% 异丙甲草胺乳油等。

① 48% 仲丁灵乳油防除对象：主要有稗草、马唐、野燕麦、狗尾草、金狗尾草、牛筋草、猪毛菜、藜、马齿苋、菟丝子等杂草。

② 90% 乙草胺乳油防除对象：主要有稗草、马唐、野燕麦、狗尾草、金狗尾草、牛筋草、看麦娘、早熟禾、千金子、画眉草、碎米莎草、异型莎草、荠菜、龙葵、鸭跖草、繁缕、菟丝子、藜、苋菜等。

③ 72% 异丙甲草胺乳油防除对象：主要有稗草、狗尾草、金狗尾草、牛筋草、

早熟禾、千金子、画眉草、虎尾草、鸭跖草、繁缕、菟丝子、藜、苋、蓼、马齿苋、猪毛菜、辣子草等。

（3）紫花苜蓿地苗后适用的除草剂　紫花苜蓿地苗后适用的除草剂主要有5%咪唑乙烟酸水剂、5%异噁草松水剂、25%灭草松水剂、10.8%高效盖草能乳油、15%精稳杀得乳油等。

①5%咪唑乙烟酸水剂和5%异噁草松水剂防除对象：主要有稗草、马唐、狗尾草、金狗尾草、野燕麦、碎米莎草、异型莎草、藜、苋、蓼、荠菜、苘麻、香薷、鬼针草、狼把草、野西瓜苗等杂草。

②25%灭草松水剂防除对象：主要有苘麻、反枝苋、凹头苋、刺苋、藜、猪毛菜、酸模野蓼、柳野刺蓼、苍耳、鬼针草、辣子草、狼把草、刺儿菜、大蓟、苣荬菜、野西瓜苗、野胡萝卜、龙葵、繁缕、曼陀罗、豚草、荠菜、遏蓝菜、蒿属、旋花属等杂草。

③10.8%氟吡乙禾灵乳油防除对象：主要有稗草、马唐、狗尾草、牛筋草、野燕麦、早熟禾、野黍、千金子、看麦娘、黑麦草、旱雀麦、芦苇、狗牙根、假高粱等一年生和多年生禾本科杂草。

④15%精吡氟草灵乳油防除对象：主要有稗草、马唐、狗尾草、金狗尾草、牛筋草、野燕麦、野黍、早熟禾、千金子、看麦娘、黑麦草、雀麦、芦苇、狗牙根、白茅、假高粱、匍匐冰草等杂草。

（4）紫花苜蓿地进行除草剂混用的好处　每一种除草剂都有它的适用作物和除草范围，不可能防除所有的杂草。在农田中大多数情况下是多种杂草混合发生在同一块地里，有一年生杂草也有多年生杂草，有单子叶杂草也有双子叶杂草。因此，选用两种或两种以上的除草剂进行混用可有效地防除田间多种杂草。紫花苜蓿地进行除草剂混用可拓宽杀草谱，提高防除效果，减少农药使用量和打药次数，降低使用成本。有些除草剂混用还可提高下茬作物的安全性，延缓杂草对除草剂的抗性形成。有些除草剂不能混用，混用后会降低防除效果甚至会产生药害。为了保证除草剂混用的防除效果和安全性，应先做小区药效试验，确定防除效果后再进行推广使用。

5.鼠害防治

1）防治原则　应坚持"预防为主，综合防治，确保安全"的方针，高效安全地开展防治鼠害工作，保证人、畜、禽不受危害。优先采用生物防治、物理防治，科学使用化学防治。使用鼠药时，应符合国家标准的要求，禁止使用国家明令禁止的高毒、剧毒、高残留的鼠药品种。

2）物理灭鼠　利用物理学原理制成捕鼠器械，用于灭鼠，如 TBS（围栏捕鼠系统）灭鼠：在设施园区周边采用封闭式或篱壁式方式设置金属围栏（孔径小于 1 厘米），围栏地上部分 45 厘米，埋入地下部分 15 厘米，间隔 5 米埋设 1 个直径 20 厘米、高 40～50 厘米的捕鼠桶，捕鼠桶上的围栏底部剪一个边长 3～4 厘米的小口。捕鼠桶与围栏底部贴紧，桶口与地面平齐。

3）化学灭鼠　化学灭鼠法又称药物灭鼠法，是指使用有毒化合物杀灭鼠类的方法。化学杀鼠剂包括胃毒剂、熏杀剂、驱避剂和绝育剂等。其中以胃毒剂（也称经口药）的使用最为广泛。

河南省广大农田鼠害发生区以大仓鼠、黑线姬鼠和黑线包鼠为优势种群，一般在繁殖高峰前为防治的有利时期，河南防治鼠的有利时机为 4 月和 7 月，统一行动，大面积连片防治。大面积灭鼠应采用 0.1% 敌鼠钠盐或 0.5% 毒鼠林玉米（或小麦）毒饵按洞或等距离一次性投饵，每个毒饵站投饵 10～15 克。如采用低密度，应适当增加投饵次数，加大投饵量，以保证灭鼠效果。操作人员要注意安全。敌鼠钠盐、毒鼠林、氯敌鼠、杀鼠灵、杀鼠迷、溴敌隆、溴鼠灵等属于抗凝血灭鼠剂，由它们配制成的毒饵误食中毒都可采用维生素 K_1 解毒。

（四）收获

1. 刈割时期　收获时期是直接影响紫花苜蓿单位面积产量和品质的重要因素，其理论依据是植物生态学原理和家畜营养学原理，在紫花苜蓿生长的早期，粗蛋白质、矿物质及胡萝卜素含量较高，且含有较多水分，营养价值高，家畜喜食，但单位面积产草量较低，且长期提前刈割会缩短草地寿命。随着紫花苜蓿生长，粗纤维含量增加，矿物质和胡萝卜素含量减少，特别是到生长后期，粗蛋白质含量明显减少，粗纤维大量增加，茎部已明显木质化，适口性下降。在确定紫花苜蓿刈割期时，首先要根据地上部产量的增长和营养物质积累的动态规律，确定在单位面积营养物质总收获量最高时期进行刈割。

许多研究认为，盛花期刈割产草量高，但紫花苜蓿品质和体外干物质消化率大幅度下降。据报道，紫花苜蓿 50% 开花刈割的干物质产量比现蕾期（图 2-12）刈割增加 17%，但品质也随之下降。而初花期（图 2-13）虽然紫花苜蓿草产量没有达到最高，但其粗蛋白质含量高，家畜消化率也高。符昕等报道，在不同刈割时期处理下，紫花苜蓿的再生性能存在明显差异：极早期刈割处理产草量最低，初花期刈割产草量最高。

图 2-12　现蕾期

秋季最后一次刈割时间对紫花苜蓿干物质产量和品质影响较大，初霜前比初霜后刈割好，因为这时期紫花苜蓿具有较多的干物质和较佳的品质。但是秋天最后一次刈割会影响第二年春季第一茬紫花苜蓿的产量，初霜前刈割紫花苜蓿第二年干物质产量比初霜后刈割约降低 21.05%，主要是由于初霜后刈割紫花苜蓿的根内碳水化合物含量比初霜前刈割时多，前者能充分满足翌年紫花苜蓿早春的再生长和利用。

图 2-13　初花期

因此，适时刈割可兼顾高产与优质，同时还可促进下茬草的再生长，以获得较高的全年干草产量。紫花苜蓿的最佳刈割期应在初花期，最晚不能超过盛花期。紫花苜蓿的最后一次刈割应在停止生长前 30 ~ 40 天，使紫花苜蓿积累充足的碳水化合物越冬。

不同饲喂对象刈割期也不同，用于饲喂牛羊的紫花苜蓿草产品在初花期刈割（10% 植株开花）；饲喂猪禽的紫花苜蓿草产品在现蕾期刈割；紫花苜蓿生长过高时，按株高计，在 80 厘米刈割。

河南省紫花苜蓿的刈割时间为第一茬紫花苜蓿在 4 月 15 日至 5 月初，株高 80 厘米时或现蕾期；第二茬紫花苜蓿在 5 月 15 日至 6 月初，初花期；第三茬紫花苜蓿在 6 月 15 日至 7 月初，初花期；第四茬紫花苜蓿在 7 月中旬至 8 月中旬，初花期；第五茬紫花苜蓿在 9 月中旬至 10 月中旬，营养生长期或初花期；第六茬紫花苜蓿在 10 月中下旬，营养生长期（南部，依具体情况而定）。

2. 刈割高度　紫花苜蓿刈割时，留茬高度应该适当，否则不仅影响紫花苜蓿的产量和质量，而且影响再生草的生长速度和质量，甚至对翌年的生长造成影响。留茬过高，营养价值高的叶层和基层叶仍留于地面未被割去，影响干草的营养价值，同时也降低干草的收获量，往往造成产量损失，而且影响再生；留茬过低，当年或当茬可获得较多干草，但由于割去全部茎叶，减少了残茬的光合作用，影响紫花苜蓿的割后再生和紫花苜蓿地下器官营养物质的积累，从而减弱了生活力，连续低茬刈割会引起紫花苜蓿草地急剧衰退。当正常的刈割次数使根系积累到足够营养时，留茬高度对紫花苜蓿生长的持久性影响很大，这时留茬低比留茬高能得到更多的牧草产量和营养物质产量，适宜的留茬高度应根据紫花苜蓿的生物学特性、管理水平而定。稍低刈割有利于刺激紫花苜蓿根茎多发枝条。冬前齐地面刈割对紫花苜蓿根冠保护不利，致使在冬季寒冷、干燥和冬春温度变化剧烈时，大量的根冠丧失再生能力，较高的留茬高度有利于保护根冠翌年返青。在华北温暖地区刈割以留茬 5 ~ 6 厘米为宜；冬季最后一次刈割，可将留茬高度设为 7 厘米利于紫花苜蓿越冬和翌年生长；当年播种的紫花苜蓿，留茬高度最好是 7 ~ 9 厘米。

3. 加工　河南省气候特点为：全省由南向北年气温为 15.7 ~ 12.1℃，降水量 1 380.6 ~ 1 532.5 毫米，降水量以 6 ~ 8 月最多，年日照 1 848.0 ~ 2 488.7 小时，全年无霜期 189 ~ 240 天，适宜多种农作物和牧草的生长，具有四季分明、雨热同期、复杂多样和气象灾害频繁的特点。在降水量少的季节，如春季和秋季，一般紫花苜蓿刈割后加工成青干草；在雨季时紫花苜蓿刈割后可进行紫花苜蓿青贮，一般可存放 3 ~ 5 年。在调制成干草的过程中，为了减少营养物质的损失，需要在晚间或早上进行翻草和打捆，以减少叶片损失造成的营养物质下降。刈割最好使用专用紫花苜蓿刈割机械。紫花苜蓿干草捆制作工艺：

1）刈割与压扁（图 2-14） 紫花苜蓿现蕾期或初花期，选择连续 5 ~ 7 天的晴朗天气，采用刈割压扁机刈割，根据草的产量高低调节机器平铺的草行宽度，在阳光下干燥。

图 2-14 紫花苜蓿刈割与压扁

2）晒制 将刈割后的鲜草在阳光下薄层平铺暴晒半天至 1 天，使水分迅速蒸发，由原来的 70% ~ 80% 减少到 40% ~ 50% 时，应用搂草机搂成草垄（图 2-15），在草垄内继续干燥 1 ~ 2 天；当草的含水量降低至 30% 左右时，进行翻草和继续干燥。

3）打捆 当紫花苜蓿水分减少到 16% ~ 18% 时，即可用打捆机进行打捆（图 2-16），小型方捆每捆 20 ~ 30 千克，大捆可达到 300 ~ 500 千克。当草水分降低至合适水分（16% ~ 18%）时可打成高密度草捆，密度为 240 ~ 500 千克/米^3；由于天气因素需要 20% 以上水分的草打捆时，可打成草捆密度为 100 ~ 200 千克/米^{3}的低密度草捆，且需要在打捆时加入防霉剂。我国紫花苜蓿干草捆形状主要为方形。

图 2-15　草垛

图 2-16　打捆

　　4）捡拾入库　晒制好的干草捆用紫花苜蓿草捆捡拾车（图 2-17）捡拾，并运至草棚贮藏，露天贮藏时务必加盖帆布。

图 2-17　紫花苜蓿草捆捡拾车

（五）倒茬轮作

紫花苜蓿有自毒作用，种过 4 ~ 5 年紫花苜蓿或当每亩地株数小于 15 000 株时产量较低时需要倒茬，倒茬作物以禾本科作物小麦、玉米等轮作为宜，最少 1 季，最好是 1 年。

紫花苜蓿根系发达，直接翻耕后仍具有生命力，对下茬作物产生一定影响。余茬采取内吸传导型阔叶草除草剂，在紫花苜蓿新茬株高 12 ~ 20 厘米时喷药，药后 7 ~ 10 天及时翻耕。

（六）利用

1. 紫花苜蓿草产品　随着我国草牧业的发展，紫花苜蓿不仅在牛、羊等反刍动物中得到广泛应用，其饲喂对象也扩展到猪、禽等单胃动物，对紫花苜蓿草产品的需求呈现多样化、专业化发展趋势。目前，紫花苜蓿草产品主要包括干草、青贮料、草粉、草颗粒等，以及深加工的紫花苜蓿叶蛋白，紫花苜蓿皂苷、类黄酮、多糖等功能性提取物。

1）**紫花苜蓿干草** 紫花苜蓿青干草是指适时刈割的紫花苜蓿，经过自然或人工干燥调制而成的能长期贮存的饲草。调制良好的优质紫花苜蓿青干草呈青绿色，叶片多且柔软，有芳香味，杂草少，无霉变。紫花苜蓿青干草草捆可以直接用于饲喂奶牛、肉牛、肉羊等反刍动物，也可以进一步加工制作成草粉和草颗粒等草产品饲喂猪、禽等单胃动物。

紫花苜蓿干草捆质量分级国家行业标准与中国畜牧业协会的团体标准有差异，均可作为参考标准。中国畜牧业协会的团体标准包含了相对饲用价值（RFV）的分级指标。

2）**紫花苜蓿草粉** 紫花苜蓿草粉指将自然或人工干燥的紫花苜蓿青干草用机械粉碎而成的具有一定细度的粉状物。优良的紫花苜蓿草粉应具备以下特征：深绿色，纤维少，清香味浓，无霉变。紫花苜蓿草粉主要用来作为猪、禽等单胃动物的全价配合饲料的原料。

将紫花苜蓿干燥后打捆、贮藏一段时间，充分干燥后用锤片式粉碎机进行粉碎，粉碎粒度按照《饲料粉碎粒度测定 两层筛筛分法》（GB/T 5917.1—2008）测定。根据动物种类和生长发育阶段决定其粉碎粒度，如饲喂猪粉碎粒度为 20～40 目（0.9～0.45 毫米），饲喂鱼粉碎粒度为 100 目（0.15 毫米）；饲喂仔猪粉碎粒度为 40 目（0.45 毫米）。

3）**紫花苜蓿青贮料** 紫花苜蓿青贮料是将现蕾期至初花期刈割的紫花苜蓿切碎后，水分达 50%～65% 时，在密闭缺氧的条件下，通过厌氧乳酸菌发酵，同时抑制各种杂菌的繁殖，而得到的一种粗饲料。紫花苜蓿青贮料是一种可保持青绿紫花苜蓿的鲜嫩、青绿，营养物质损失少，有芳香酸味，适口性好，利于长期保存的青绿多汁饲料。刈割期适宜、调制良好的紫花苜蓿青贮饲料是奶牛、肉牛和肉羊的优良饲料；含有菌体蛋白，蛋白质含量比干草有所提高。但发酵过程中产生了较多的非蛋白氮，可溶性糖分转化为有机酸，可能不宜饲喂单胃动物；妊娠家畜应慎用，防止过量饲喂。青贮料一般可存放 3～5 年。

中国畜牧业协会发布的紫花苜蓿青贮料和半干青贮饲料团体标准（T/CAAA 003—2018）要求紫花苜蓿半干青贮饲料分级的感官指标为：颜色为亮黄绿色、黄绿色或黄褐色，无褐色和黑色；气味为酸香味或柔和酸味，无臭味、氨味或霉味；质地干净清爽，茎叶结构完整，柔软物质不易脱落，无黏性或干硬，无霉斑。

4）紫花苜蓿叶蛋白　我国是蛋白质饲料资源短缺的国家，目前大豆每年进口量已逼近 1 亿吨。饲料工业如果仅依靠现有的饲料资源，将不利于我国畜牧业的持续快速发展，应尽快找到丰富的蛋白质资源。

随着我国紫花苜蓿种植面积的增加，深加工是国内紫花苜蓿产业发展的生产途径，而国内缺乏紫花苜蓿深加工企业。目前，叶蛋白分离方法主要有：酸加热法、pH 法、盐析法、有机溶剂法、发酵法、膜分离法。国内对紫花苜蓿叶蛋白的提取工艺进行了较多研究，叶蛋白浓度可达 60% 以上，但未见产业化生产。

紫花苜蓿叶蛋白是一种非常重要的叶蛋白，具有较高的饲用价值和较高的粗蛋白质含量，因而被欧洲许多国家利用。在紫花苜蓿叶蛋白中，白蛋白是主要成分，而谷蛋白和球蛋白次之。紫花苜蓿叶蛋白由 50% 白色亲水蛋白和 50% 绿色亲脂蛋白组成。由于白蛋白具有较高的消化率、平衡的氨基酸谱、良好的功能特性和植物来源，所以在人类营养领域具有重要的应用价值。紫花苜蓿叶片白蛋白中含有 65% 的核酮糖 -1，5- 双磷酸羧化酶 / 加氧酶（Rubisco）。

紫花苜蓿叶蛋白具有蛋白质质量好、含量高，氨基酸组成完整合理，提供适量脂肪、糖、可溶性淀粉、多种矿物质和维生素等优点，可作为饲料添加剂。许多研究报道，紫花苜蓿叶蛋白可以替代部分饲料，以提高饲料质量和促进动物生长。食用紫花苜蓿叶蛋白中含有多种氨基酸，其含量接近动物蛋白标准，且组成比例基本平衡，与联合国粮农组织推荐的成人氨基酸谱基本一致，特别是赖氨酸的含量高达 5.6% ~ 7.4%，弥补了谷物该方面的不足。紫花苜蓿叶蛋白中的胡萝卜素具有重要的抗癌作用，已被临床医学所采用。在提取叶蛋白的过程中，上清液具有较高的营养价值。

5）紫花苜蓿中的活性成分

（1）黄酮类化合物　一般泛指两个酚羟基的苯环与中间的吡喃相互连接而成的一系列化合物。紫花苜蓿黄酮主要存在于紫花苜蓿的茎叶中，目前已经从紫花苜蓿属植物中分离鉴定出 23 种黄酮类化合物，其中紫花苜蓿素是最具代表性和最有特色的黄酮类化合物。紫花苜蓿黄酮具有增强机体免疫力和抗癌方面的作用。紫花苜蓿黄酮有多种生物学活性和多种生理功能，而在其分类、测定方法、提取分离工艺、用途及安全性评价技术方面尚不健全，亟须进一步开展研究。

（2）紫花苜蓿皂苷　是从紫花苜蓿中提取的一种多功能生物活性物质，其水溶液振荡时容易产生与肥皂相似蜂窝状的泡沫，因此被称作皂苷。紫花苜蓿皂苷在紫花苜蓿植物体内各个组织均有分布，包括根、茎、叶等，种子中也含有皂苷。紫花苜蓿皂苷可引起反刍动物的臌胀病，饲喂鲜紫花苜蓿要控制喂量。但紫花苜蓿皂苷是一种重要的活性物质，不仅能调节脂类代谢，降低胆固醇，还具有抗氧化、抗肿瘤等功能。紫花苜蓿皂苷为五环三萜烯类化合物，其合成途径是以 2 个法尼基焦膦酸缩合生成鲨烯通过甲羟戊酸途径和甲基赤藓糖醇膦酸途径合成。紫花苜蓿皂苷结构可分解为皂苷元与糖配基，其中皂苷元具有亲脂性，糖配基具有亲水性。紫花苜蓿皂苷的研究目前处于起步阶段，通过对其基本性质的研究，可以对农业生产和医疗等行业发展提供理论依据。

2. 紫花苜蓿在牛生产中的应用

1）紫花苜蓿在犊牛生产中的应用　犊牛指的是自出生日起至 6 月龄的牛只，这个阶段牛机体消化机能不健全，在喂食过程中应避免喂食不易消化的食物。犊牛15 日龄后，在吃奶的基础上补饲少许紫花苜蓿干草。紫花苜蓿干草需要切碎。15日龄补饲紫花苜蓿干草每日用量为 0.1 千克，随后逐渐增加，60 日龄断奶时补饲每日用量为 0.5 千克，根据地域差异可以选择用燕麦干草代替。提前让犊牛采食牧草，可以帮助犊牛消化道进行发育，避免在断奶后消化机能不足，造成积食。犊牛阶段因为其消化机能不健全，不建议直接使用紫花苜蓿青贮进行饲喂。

2）紫花苜蓿在育成牛生产中的应用　育成牛指的是 6～18 月龄的牛只，该阶段牛只骨骼与肌肉生长发育迅速，体重直线上升，提供优质的饲草可以为牛只供应更加有效的营养，避免牛只生长发育受阻，造成牛只体格小，严重影响后期产奶性能。育成牛阶段伴随着月龄与体重的增加，应适量调整每日摄入的优质饲草，通常 18 月龄时，育成牛的日粮控制在 12.5～18 千克，其中优质饲草的比例不可低于70%，以全株玉米青贮为主，添加适量的紫花苜蓿干草，辅助添加少量精饲料，其中紫花苜蓿干草可用燕麦干草代替。紫花苜蓿干草可以用紫花苜蓿青贮或者半青贮进行代替，代替过程中应按照干物质比例换算，通常为 2:1。

3）紫花苜蓿在青年牛生产中的应用　青年牛指的是 18～24 月龄的牛，奶牛在这个阶段配种，初次采精或者受孕。该阶段牛只应时刻保持身体健康，从而提高受孕率与产犊率，并且产犊的体质良好。日粮可以采用全株的玉米青贮 10 千克，紫花苜蓿干草 5 千克，辅以精饲料 2 千克进行饲喂，饲喂过程中可以根据牛只品种、月龄及体重等因素进行适当调整。

4）紫花苜蓿在泌乳牛生产中的应用　泌乳牛是正在泌乳期的成年母牛，是奶牛的一种。泌乳期的奶牛是生产的关键时期，产奶量直接关系到经济效益。为了提高奶牛单产，应结合母牛胎次、产奶阶段及体质体重等因素进行合理调控。泌乳期分为泌乳前期、泌乳中期及泌乳后期，泌乳前期为产犊后至产奶100天，该阶段优质饲草占总干物质的45%～55%；泌乳中期为产奶101～200天，该阶段是产奶高峰期，优质饲草占总干物质的55%～60%；泌乳后期为产奶201～300天，优质饲草占总干物质的60%～65%。

紫花苜蓿鲜草可以作为奶牛的主要饲草饲料，刈割后可直接饲喂，可以为奶牛提供充足的维生素和矿物质元素，成年奶牛每天每头饲喂25~30千克，合理饲喂可以显著地提高奶牛的产奶量，每天可多产奶3~5千克，牛奶的品质也有所提高。在饲喂时可以刈割后整株饲喂，也可以粉碎后再饲喂。

紫花苜蓿青干草是奶牛冬春季节新鲜饲草饲料缺乏时的良好饲料，是奶牛养殖的首选饲料，与其他粗饲料相比，青干草的适口性好，易于消化，同时还可以促进其他日粮的采食和消化。紫花苜蓿干草是目前奶牛饲养中利用最多的形式。很多研究表明：紫花苜蓿干草在高产奶牛日粮中的适宜添加替代精饲料可提高产奶量，增加干物质采食量、乳脂量和乳蛋白量，降低体细胞数，提高乳脂率、乳蛋白率和干物质的量。总之，用紫花苜蓿青干草替代适量的精饲料补充料可以提高奶牛的生产性能，改善乳品质，增加收益。推荐3千克紫花苜蓿干草替代日粮中1.5～2千克精饲料。

将紫花苜蓿干草制成颗粒料来饲喂奶牛可以使奶牛的产奶量和乳蛋白的含量保持良好的持续性。另外，将紫花苜蓿制成颗粒料还可以提高饲料的利用率，与饲喂干草相比可以降低饲养成本，提高经济效益。

半干紫花苜蓿青贮适量替代紫花苜蓿干草或全株青贮玉米饲喂泌乳奶牛对奶牛采食量、日产奶量和乳成分没有显著影响，但乳蛋白率、乳脂率、乳糖均有明显提高，同时饲喂紫花苜蓿青贮料相对于紫花苜蓿青干草和全株青贮玉米可以降低饲喂成本，从而提高养殖经济效益。推荐使用4.4千克紫花苜蓿青贮料代替2.0千克紫花苜蓿青干草或5千克紫花苜蓿青贮料替代5千克全株青贮玉米饲喂泌乳牛。

3. 紫花苜蓿在猪生产中的应用　紫花苜蓿在猪生产中的研究和应用起步于母猪，主要源于紫花苜蓿有提高母猪产仔数、减少便秘和流产等功能。近几年的研究发现，紫花苜蓿在提高猪肉品质方面有重要作用，同时能提高仔猪和生长育肥猪的胃肠道健康。因此，紫花苜蓿在猪生产中的应用有巨大的发展前景。

1）紫花苜蓿在母猪生产中的应用　母猪的生产性能在过去几十年的发展中有很大程度的提高。但是随着近年来养猪生产规模化、集约化的加强和瘦肉型猪的普及，母猪出现初情期延长、产仔率低、弱仔和死胎多的现象，这也是母猪场效益低的主要原因之一。近年来的研究表明，通过使用紫花苜蓿调控母猪饲粮结构是改善其发情、提高产仔数的重要途径之一。紫花苜蓿在母猪上的作用主要体现在：提高成熟卵细胞的数量和质量，改善母猪发情；消除母猪的异常行为，缓解便秘；降低胚胎的死亡率，提高产仔数；增加母猪的泌乳量和仔猪的日增重等。紫花苜蓿在母猪上的饲喂技术：将紫花苜蓿干草粉作为饲粮中的主要原料之一，紫花苜蓿鲜草或青贮紫花苜蓿打浆、切段、制粉饲喂，其中以紫花苜蓿干草粉的方式饲喂较为广泛。

后备母猪日粮中添加5%紫花苜蓿草粉其生长性能表现较好，发情率也有所提高，提高其产仔数，尤其是产活仔数和提高仔猪窝重有良好的后续效应。

多数研究认为，妊娠母猪日粮中20%紫花苜蓿草粉能够提高母猪日采食量与初乳中脂肪含量、降低血清总胆固醇的含量，仔猪生长和经济效益相对最佳；泌乳母猪日粮中10%紫花苜蓿草粉时仔猪可获得最好的生长性能。

2）紫花苜蓿在公猪养殖中的应用　紫花苜蓿富含维生素K、维生素E等，叶酸和β-胡萝卜素含量较高，能够改善公猪繁殖性能。在公猪饲粮中添加紫花苜蓿草粉15%时公猪采食量、日增重显著提高，料肉比显著降低，同时提高了对各营养物质的消化率，具有较好的经济效益。在饲粮中添加紫花苜蓿鲜草可在一定程度上提高精子活力，但对精液量和精液密度影响不显著；随着紫花苜蓿鲜草添加比例的提高，饲料成本逐渐降低，公猪饲粮养分消化率不断提高。

在实际生产中，河北省黄骅市牧丰养殖有限公司采用种养结合的模式，自种紫花苜蓿饲喂公猪。夏、秋两季上午饲喂紫花苜蓿鲜草，把紫花苜蓿鲜草切成15厘米左右的草段投给公猪，每头日喂1.5~2.5千克，下午饲喂基础日粮；冬、春两季饲粮中添加10%~15%的紫花苜蓿草粉，每天饲喂2次。公猪精子活力和密度明显提高，依托基地的人工授精站，提高了周边养殖场户生产效率，增加了养殖场户经济效益。

3）紫花苜蓿在育肥猪生产中的应用　近些年来，紫花苜蓿在育肥猪生产中的应用越来越多，如利用紫花苜蓿作为配方中的主要原料之一生产紫花苜蓿型高品质猪肉。主要作用包括：提高其生产性能和养分消化率，改善胴体品质。给育肥猪饲喂紫花苜蓿的主要技术包括：紫花苜蓿草粉或其他紫花苜蓿草产品在饲粮中的适宜添加量、不同质量紫花苜蓿草产品的效应、不同紫花苜蓿草产品形式的饲喂效果和饲喂方式等。

紫花苜蓿中有较高含量且比例平衡的氨基酸,丰富的优质膳食纤维,不饱和脂肪酸含量高,维生素、皂苷、黄酮和多糖等功能性成分含量高,这些对提高猪的健康和肉质是有利的;但因紫花苜蓿草粉体积大、容重小容易产生饱感从而影响采食量,育肥猪饲粮中过多的紫花苜蓿纤维和采食量不够会导致能量和蛋白质等营养摄入不足,影响其日增重和饲料转化效率。多数研究认为,5% ~ 10% 紫花苜蓿草粉是饲料配方中不影响生长育肥猪增重的适宜添加量,但对肉质的提高幅度小;以生产优质猪肉为目的时,配方中 20% 紫花苜蓿草粉添加量虽然影响了增重但生产了高品质猪肉。

4)紫花苜蓿在仔猪养殖中的应用　仔猪断奶时期,由于环境和饲粮变化带来的应激反应,消化道和免疫系统不成熟,导致其采食量下降、消化系统紊乱等,增加了断奶仔猪腹泻的发生率,从而造成较高的死亡率和较低的生长性能,严重影响养猪业的生产效益。

纤维可以在单胃动物后肠道发酵生成短链脂肪酸,为后肠道供能,而且纤维可以改善肠道健康,保持肠道微生态的平衡。饲粮中纤维营养不足,仔猪腹泻率和死淘率增加。紫花苜蓿草粉中粗纤维含量为 25% ~ 30%,其中可消化纤维比例较大,因此,紫花苜蓿草粉是猪配合饲料中优质纤维源的首选。

饲粮中粗蛋白质含量的高低及品质的好坏是影响仔猪生长发育的重要因素,保持高品质的粗蛋白质可促进仔猪的生长发育。紫花苜蓿草粉蛋白质含量较高,品质较好。其中氨化物(游离氨基酸、酰胺及硝酸盐等)占总氮的 30% ~ 50%,氨化物中氨基酸占 60% ~ 70%,其蛋白质的营养价值接近纯蛋白质,含有超过 20 种氨基酸,包括所有必需氨基酸和一些稀有的氨基酸种类(如瓜氨酸和刀豆氨酸等);氨基酸组成接近于豆粕,胱氨酸含量优于豆粕,赖氨酸含量高达 10.6 ~ 13.8 克 / 千克。所以,紫花苜蓿草粉是能够为仔猪生长发育提供优质蛋白质的优质饲料。

近年来的相关研究表明,在仔猪饲粮中添加一定量的紫花苜蓿草粉,对仔猪生长性能、养分消化率、抗腹泻等方面具有积极的效果。添加 5% ~ 7% 紫花苜蓿草粉不仅可以增加仔猪的日采食量、日增重,降低料重比,提高消化率,还可以有效防止仔猪腹泻,提高仔猪的生产性能。

三、饲用燕麦标准化生产技术

（一）植物学特征与生长发育特性

1. 植物学特征 燕麦是一年生禾本科草本植物，属早熟禾亚科，燕麦属，有29个种。燕麦起源于地中海沿岸，作为杂草随着黑麦从地中海进入欧洲，经人工驯化后成为欧洲的主要栽培作物之一，后由西班牙和英国殖民者从欧洲引入北美地区，故欧洲与北美地区的燕麦具有相同的遗传背景。中国 2 000 多年前就已有燕麦栽培的史书记载。现在，人们根据外稃与籽粒的附着程度，将栽培燕麦分为皮燕麦和裸燕麦。中国是裸燕麦的起源地。裸燕麦经人工驯化后形成中国特有的栽培类型，亦被称为莜麦。皮燕麦被一层坚硬的木质化的外稃所包被，即使成熟时也不易与籽粒分离，而裸燕麦相反，其外稃轻薄而柔软，成熟后很容易与籽粒脱离，裸燕麦籽粒和鲜草产量相对稍低，皮燕麦比裸燕麦品种叶量更丰富，作为饲草作物皮燕麦稍有优势。

燕麦有二倍体（$n=7$）、四倍体（$n=14$）和六倍体（$n=21$）3 种类型，目前栽培利用的主要为六倍体燕麦。栽培燕麦株高 60~160 厘米，大部分品种株高在 130 厘米左右。燕麦的根为须根系，有初生根和次生根之分，入土较深，次生根多密集分布于地表 20 厘米土壤中，深者可达 2 米以上。叶片扁平，长 20~40 厘米，宽 80~120 毫米，叶有突出膜状齿形的叶舌，但无叶耳；植株疏丛型，秆直立，幼苗期有直立、半直立、匍匐 3 种类型。燕麦的叶相主要有平展型、上举型和下垂型 3 种类型。类型不同，叶片进行光合作用的强弱也不同，叶相的光合作用强弱表现为平展型＞上举型＞下垂型。燕麦花序为圆锥花序，有紧穗型、侧散型与周散型 3 种穗型；花序分枝上着生 10~75 个小穗，小穗有 2 片稃片，内生小花 1~3 朵，偶有 4 朵，裸燕麦则有 2~7 朵，条件适宜时小花数和结实小穗数会增加；自花传粉，异交率低（0.4%~1%）。燕麦的果实为颖果，颖片8~9脉，外稃坚硬，有芒或无芒；果实常见的有纺锤形、卵圆形和筒形，一般长0.8~1.0厘米，宽0.16~0.32厘米，籽粒形状瘦长有腹沟，但与其他谷物籽粒不同的是腹沟在其胚的背面，成熟时不易脱落。燕麦籽粒颜色常见的有白色、浅黄色和黄色；籽粒大小因品种不同而有较大的差异，裸燕麦籽粒一般表面无稃，但有细小茸毛，冠毛较为发达，千粒重一般为16~25克；皮燕麦籽粒紧裹在外稃和内稃之间，千粒重一般为20~40克。燕麦籽粒中含有丰富的营养元素，其蛋白质、氨基酸、微量元素等营养成分均高于水稻、小麦和玉米等作物，是较好的营养丰富的粮食作物之一；裸燕麦比皮燕麦具有更高的营养价值，包括高质量蛋白质、可溶性纤维、不饱和脂肪酸等营养物质的含量均高于皮燕麦。

2. 生物学特性　燕麦不仅是粮食作物也是理想的饲用作物，其干草的茎秆柔软且质地优良，是禾本科植物中优质的饲草作物。作为一种粮饲兼用型作物在世界各地被大面积种植，分布在五大洲的42个国家，大多栽培在北部高纬度的温带地区，北纬41°~43°被认为是燕麦的黄金生长纬度带，海拔超过1 000米、年平均气温2.5℃、平均日照16小时，是燕麦生长的最佳自然环境。燕麦主产国有俄罗斯、加拿大、澳大利亚、美国、芬兰和中国等。我国现燕麦种植大部分分布在华北地区北部和西北地区的海拔高、纬度高的山区，其中内蒙古是栽种面积最大的地区，占全国栽种面积的35%以上，与河北、山西统称我国的三大燕麦主产区，播种面积占全国种植面积的70%以上。国外栽培的主要是皮燕麦，只有我国栽培裸燕麦。裸燕麦在西北、华北、东北、西南及江淮流域都有分布，现在主要分布区为内蒙古的阴山南北和华北地区河北的坝上、燕山地区以及山西的太行、吕梁山区，西北地区主要为青海、甘肃、宁夏、陕西的贺兰山和六盘山，西南地区主要为四川、贵州、云南海拔为2 000~3 000米的大凉山、小凉山。

1）燕麦对气候条件要求　燕麦是长日照、短生育期作物，对积温要求较低，适宜在气温低、无霜期短和冷凉的气候条件种植。在我国燕麦主产区多为干旱半干旱地区，年降水量少（250~400毫米），地下水资源贫乏，无灌溉条件，有效积温低（1 800~2 500℃），无霜期短（70~130天），大风日数多（5级以上大风日在70天左右），自然气候条件恶劣。在高纬度地区，热量不足，气温相对较低，但降水充足，这样的生长条件不利于其他谷物以收获籽实为目的的生产，更得不到高产稳产，然而，燕麦在这样的条件下却能够适应生长。在低温多雨的气候条件下，燕麦可以充分利用雨热同期的条件，在短期内迅速积累地上营养体，保证其优质、高产，是保证寒地畜牧业可持续发展的最佳作物。燕麦相较于其他农作物光能转化率最高，且其青干草营养丰富，由一年生燕麦加工成青贮料，营养损失率较小，饲用适口性好、消化率高，不仅可以单一种植，也可与其他作物混播以提高养分。

由于自然、地理条件差异，燕麦的栽培制度、品种类型以及生产中存在的问题都存在明显差异，因而形成了明显的自然区域。我国燕麦的自然区域划分为2个主区和4个亚区，即北方春夏播燕麦区（华北早熟裸燕麦亚区、北方中晚熟燕麦亚区）和南方秋播燕麦区（西南高山晚熟燕麦亚区、西南平坝晚熟燕麦亚区）。华北早熟裸燕麦亚区包括内蒙古的土默特平原和山西省的大同盆地、沂定盆地等，年平均温度4~6℃，年降水量300~400毫米；北方中晚熟燕麦亚区包括新疆中西部、青海省的湟水、甘肃省的贺兰山和六盘山南麓、宁夏的固原地区、陕西省秦岭北麓、内蒙古的阴山南北、河北省张家口坝上地区、山西省晋西北高原及太行山、吕梁地区、北京市的燕山山区和黑龙江大小兴安岭，年平均温度2.5~6℃，年降水量300~450毫米，干旱、多风；西南高山晚熟燕麦亚区，主要分布在云、贵、川的大小凉山，北川的甘孜、阿坝以及云南的高黎贡山等地，年平均温度5℃，年降水量1 000毫米左右；西南平坝晚熟燕麦亚区，包括云、贵、川的大凉山、小凉山，气候条件与西南高山晚熟燕麦亚区相似。

2）燕麦对土壤条件要求　燕麦具有适应性强，耐寒、耐旱、耐贫瘠、耐适度盐碱的优点。燕麦对土壤质量要求较低，能够在多种不利的自然环境中保持良好的适应性。因为有发达的根系系统，可以很好地从土壤中汲取所需的水分和营养物质，所以燕麦90%以上为旱地种植，属雨养农业。有资料表明，燕麦被看作是中度耐盐作物，一些燕麦品种可承受pH高于9.0的碱土环境，燕麦在重度盐胁迫下依然具有结籽能力，故燕麦常常被种植于其他作物难以适应的旱坡和盐碱区域。因燕麦抗逆性极强，具有久除不灭、耐贫瘠等特征，比其他类型禾本科植物更能适应各种不良自然环境，在中国半干旱农牧区和高海拔地区等自然条件较差地区分布广泛，是重要农作物和饲料来源。

3）燕麦的倒伏性　倒伏是燕麦生产中面临的最常见问题之一，倒伏不仅会破坏植物茎秆的疏导系统，导致根系向叶片输送水分和养料通道受阻，限制叶片输送光合产物，还会恶化群体小环境、加重病虫害、导致贪青晚熟和易早衰等一系列不良反应，造成产量和质量的巨大损失（图3-1）。

图 3-1　燕麦倒伏

（1）倒伏分类　燕麦倒伏有两种类型，一类是根倒，一类是茎倒。根倒是整个植株连同处于土壤中的根系一起倾斜倒伏；茎倒是在茎的基部发生折断，使地上部植株倾斜倒伏。

（2）倒伏原因　一般来说引起倒伏的主要原因有以下 4 个方面：

一是品种本身生长特性，如株型、次生根的发育形式，植株高度、节间长、茎秆硬度等。叶片竖直、茎叶夹角越小，植株抗倒伏能力越强；三角形次生根类型，易发生根倒，不易发生茎倒；截锥形次生根类型，既抗根倒又抗茎倒。茎秆机械强度对燕麦倒伏影响强于株高和穗位高，基部节间短、茎秆厚硬、机械强度大、富有弹性的品种抗倒伏能力较强，第二节较小的鲜重和较大的干重可增强品种的抗倒伏能力。皮燕麦、裸燕麦的平均株高相差无几，但我国裸燕麦地方品种资源抗倒伏性较差，主要由于它的茎秆缺乏抗倒伏的内部结构。

二是灾害性天气，如暴风雨。燕麦在孕穗期开始出现部分倒伏，但田间倒伏时期基本稳定在灌浆期至乳熟期。我国燕麦一般在夏季进入灌浆期，此时大风与降雨天气相对集中，燕麦处于生殖生长期时植株高大，田间群体郁蔽程度较高，茎秆支撑性逐渐减弱，易发生倒伏。

三是种植密度过大，茎秆细弱。群体过大，遮蔽严重，茎基部第一、第二节间徒长，坚硬度降低而发生倒伏。

四是施用过量氮肥引起倒伏。施氮肥过多，造成苗贪青徒长，植物重心上移，易过早发生倒伏，且倒伏发生的时间越早，倒伏角度及面积就越大，造成的减产幅度就越高，给田间机械化刈割带来不便。

3. 燕麦的生育期

1）**出苗期**　燕麦播种后一般7~12天苗基本出齐。种子萌发是一个涉及多种酶的生理过程，其温度效应非常明显，2~4℃时即可开始发芽，在土壤温度和含水量适宜的情况下，通常4～5天就可以发芽，14天左右出土，地温稳定在10℃以上时，出苗时间可提前5天左右。

2）**分蘖期**　通常出苗后20天左右进入分蘖期，一般会持续20天左右，晚熟品种分蘖期可达30天。燕麦分蘖能力比较强，直接从主茎基部分蘖节上发出的称一级分蘖，在一级分蘖基部又可产生新的分蘖芽和不定根，形成二级分蘖。分蘖能力越强，作物根系越强壮，根越容易吸收水分和矿物质，促进燕麦植株地上部分的生长发育，植株就更健壮。燕麦品种在条件良好的情况下，可以形成第三级、第四级分蘖，使一株燕麦形成株丛。秋播燕麦分蘖期较长，有两个分蘖高峰期：一为分蘖期，主要产生一级和二级分蘖；二为开春温度回升期，主要产生二级和三级分蘖，甚至会产生四级分蘖。早期生出的一级或二级分蘖能抽穗结实称为有效分蘖，一般一株燕麦有2~6个有效穗，有效穗越多产量越高；晚期生出的二级或三级分蘖不能抽穗或抽穗而不结实称为无效分蘖。燕麦一般分蘖数为4~10个，最高可达20个左右，强有力的分蘖能力是燕麦高产的保证。

3）**拔节期**　分蘖期后燕麦进入拔节期，拔节期最主要特征是植株开始出现茎节，一般以全田50%以上植株的第一茎节露出地面1.5~2.5厘米为标志。燕麦一般5~6节，每节上着生一个叶片，叶片停止生长的时间比茎早，叶片自下而上逐渐增大，而旗叶又变小，旗叶和旗下叶是后期灌浆阶段为籽粒提供营养物质的主要器官。燕麦第一节间先伸长，第一节间停止生长后，第二节间开始迅速伸长，其他各节间依次进行，长度自下而上依次加长，最上部的穗节约占全株高度的1/2。燕麦在生长过程中的植株高度表现为慢—快—慢的规律，前期生长速度较慢，拔节期是茎的节间向上迅速伸长的时期，此时植株生长快，需要大量水分、养料；拔节期和抽穗期株高变化最快，之后株高增加较慢。

4）**孕穗期**　拔节后5天左右燕麦开始进入孕穗期，孕穗期的标准为植株最上部一片叶（旗叶）展开，幼穗开始在旗叶鞘内膨大。

5）**抽穗期**　一般拔节后20天左右开始抽穗，是发育完全的穗随着茎秆的伸长而伸出顶部叶（旗叶）的现象，一般抽穗期是指全田50%植株开始抽穗。晚熟品种最晚在出苗后90天抽穗，抽穗期是决定作物结实粒数的关键时期，需要特别管理。

6）灌浆期 抽穗后 10 天左右燕麦进入灌浆期，此时贮存在植物体内蛋白质以水解的方式形成氨基酸供给种子灌浆，是决定穗粒数和千粒重的关键时期，灌浆期的燕麦籽粒酸性洗涤纤维和中性洗涤纤维的含量低，饲用燕麦通常在这个时期收获，可以达到较高的品质和草产量。

7）乳熟期 灌浆后 10 天左右燕麦进入乳熟期，饲用燕麦的干草产量随着生长先升高后降低，一般在乳熟期达到最高，显著高于抽穗期和成熟期。

9）完熟期 乳熟后 10~30 天燕麦进入完熟期，一般麦类当籽粒达蜡熟期即可收获，但燕麦全穗籽粒成熟时期不一致，穗上部籽粒先成熟，通常以穗下部籽粒进入蜡熟期为成熟日期。

（二）播种技术

1. 品种选择原则 为了满足我国对燕麦生产的需求，我国燕麦的育种在不断进行中，结合传统与现代技术的方法，选育出一批又一批的新品种，显著提高了燕麦的单产水平。国外对燕麦的育种研究开始较早，在 19 世纪 90 年代，瑞典的燕麦育种学家 Hjalmar Nilsson 就培育出了世界上第一个燕麦品种。在此之后，育种学家开始通过系统的育种技术对燕麦的新品种不断地进行培育和开发。种质资源是作物遗传改良的物质基础，截至 2014 年 5 月，仅加拿大植物基因资源库就收集到 2.8 万份燕麦属种质资源，这些燕麦种质资源中含有大量的优质基因。以抗病基因为例，二倍体燕麦及四倍体燕麦中含有抗锈病基因；二倍体燕麦和六倍体燕麦中均含有抗白粉病基因。除抗病基因外，燕麦野生资源在开花期、生育期等其他农艺性状上都存在丰富的多态性，这为选育适应不同生态环境的优质燕麦品种提供了可能。我国的燕麦育种研究工作起步较晚，种质资源的系统收集整理始于 20 世纪 50 年代。1980年和 1996 年，共计 2 978 份编入燕麦种质资源目录，其中皮燕麦 1 278 份，包括国内 309 份、国外 969 份；裸燕麦 1 699 份，包括国内 1 663 份、国外 36 份；野燕麦 1份。另有科研和教学单位 1 400 余份资源未编入目录。在此之前，种植的燕麦品种大多来源于农民自发的选育收集，并没有出现专业性、系统性的品种选育工作。目前，我国多家专业机构已经进行了专业的燕麦育种工作并取得了良好的成果，其中的代表有：中国农业科学院、内蒙古农业科学院、内蒙古农业大学、青海省农牧科学院、山西省农业科学院、张家口农业科学院、白城农业科学院和定西市农业科学研究院等多家机构。全球燕麦的单位面积产量自 1961 年开始，一直呈现持续地上升趋势，我国的燕麦单位面积产量趋势与世界一致，到 20 世纪 90 年代，我国的燕麦单位面积产量开始高于世界平均水平，表明我们近几十年的燕麦育种工作已经有了显著的成效。

燕麦具有成熟快、生长周期短的特点，春播燕麦从播种到种子成熟一般 70~120 天。极早熟燕麦生育天数为 85 天以内，早熟生育期 90~100 天，中熟生育期 100~110 天，晚熟生育期大于 110 天，但在不同地区气候条件下生育期天数具有较大差异。以收获饲草为目的，一般至少在种子成熟前 20 天左右的灌浆期收获，如在抽穗期收获，提前天数更早。燕麦是粮饲兼用型作物，现有育种以籽粒产量为主，研究表明，燕麦的草产量与籽粒产量呈显著正相关性，以生产饲草为主时应选用茎秆粗壮、叶片较大、分蘖较多的品种。

根据倒伏性可将燕麦分为抗倒伏型（优质）、中抗倒伏型（中间）、不抗倒伏型（劣质）3 大类，在品种选择时应选择抗倒伏型品种。

2. 部分饲用燕麦草品种介绍

1）海威　加拿大饲用燕麦中熟型品种，须根发达，茎秆直立，分蘖力强（图 3-2）。叶片宽大且叶量丰富、茎叶柔嫩多汁，含糖量高，适口性非常好，是奶牛的优质饲草品种。对土壤要求不严，pH 5.5~8.0 的土壤上均可良好生长，种植范围非常广，我国温带大部分地区均可种植，以高海拔的冷凉地区最为适宜。在不同的种植条件

图 3-2　海威

下乳熟期高度 1.3~1.6 米，亩产干草可达 800 千克以上，在沙地或旱作条件下平均亩产干草 550 千克。收获干草以乳熟初期刈割为佳，青贮利用适宜在抽穗至灌浆期刈割。抽穗期刈割，粗蛋白质含量在 12% 以上，酸性洗涤纤维（ADF）含量 31% 左右，中性洗涤纤维（NDF）含量 51% 左右。

2）莫妮达　美国中晚熟型春播燕麦品种，由小马和奥塔杂交选育而成（图 3-3）。茎秆直立性好，抗倒伏能力突出，植株较高，干草产量在 500 千克/亩以上；叶片深绿，适口性好，品质优，家畜喜食。在抽穗期到开花期之间刈割饲草品质较佳。

图 3-3　莫妮达

3）福燕 1 号　中熟型饲用燕麦品种，植株高大，北方地区可达 150 厘米以上，南方地区可达 180 厘米以上。叶片宽大深绿，叶量多，茎叶比小，茎秆中空且粗壮柔软，含糖量高，可以青饲、青贮或调制干草，品质和适口性较好，各种家畜均喜食。我国大部分地区都可种植，可单播或与豌豆、苕子等豆科作物混播。喜冷凉湿润气候，以春播为主，在宁夏、甘肃、内蒙古等多地种植亩产干草可达 600~800 千克。生育期在 80~100 天，在播种后 60 天左右进入孕穗期，可在抽穗期收获调制干草，蜡熟期制作青贮。

4）甜燕 1 号　加拿大饲用甜燕麦品种，株高可达 150 厘米以上，分蘖能力强，产量高、叶量较多且叶片宽大、茎秆粗壮柔软且纤维化程度低、味甘甜适口性好，晒制干草时干燥速度快（图 3-4）。我国大部分地区可以种植，冷凉湿润的气候条件下生长最好，在西北和东北地区种植均表现出高产稳产的特性。在我国北方地区主要进行春播，可与箭舌豌豆或扁豆混播。在播种后 60 天左右可进入孕穗期，可在抽穗期收获调制干草，蜡熟期制作青贮。

图 3-4　甜燕 1 号

5）**甜燕 2 号**　加拿大饲用燕麦品种，分蘖能力强，叶片多，叶量大，茎秆柔软，饲草品质好，饲用价值高。我国大部分地区可种植，在抽穗期到开花期刈割。再生能力强，再生速度快，在生长期较长的地区可以刈割两次，在孕穗期刈割可以很好地再生。

6）**甜燕 60**　加拿大早熟型饲用燕麦品种，茎秆强韧，直立性好，抗倒伏能力极强。抗病性极好，高抗燕麦冠腐病、茎腐病、散黑穗病和坚黑穗病。适应性强，我国大部分地区可种植，冷凉湿润的气候条件下容易建植，在条件恶劣的情况下仍能保持高产。生长速度快，在出苗后 50~55 天可进入孕穗期，可在抽穗期至乳熟前期收获调制干草，乳熟后期至蜡熟期制作青贮。

7）**牧达**　美国中熟型饲用燕麦品种，苗期生长速度快，茎秆直立，植株高大，叶色深绿，抗倒伏能力强，叶茎比高，品质极好，可制作干草、青贮，也可青饲，适口性非常好，是家畜的优良饲草料。对土壤要求不严，pH 5.5~8.0 的土壤上均可良好生长，对干旱寒冷及贫瘠的土壤都有很强的适应性，我国温带大部分地区均可种植，以高海拔的冷凉地区最为适宜。在不同的种植条件下亩产干草 650~800 千克，在内蒙古沙地或旱作条件下亩产干草 520~600 千克。收获干草以乳熟初期刈割为佳，青贮利用适宜在抽穗期至灌浆期刈割。抽穗期刈割，粗蛋白质含量在 12% 以上，ADF 含量 32% 左右，NDF 含量 52% 左右。

8）三星　早熟型粮饲兼用燕麦品种，茎秆直立且粗壮，抗倒伏能力极强，高抗冠锈病。穗头长且宽大，籽实产量高，籽粒中各类营养物质含量丰富，叶片数量较普通籽实品种多，产量和品质好。我国温带大部分地区均可种植，以高海拔的冷凉地区最为适宜，也可在亚热带地区作冬闲田作物种植。对土壤要求不高，pH 5.5~8.0 的土壤上均可良好生长。生育期较短，在无霜期 105 天以上的地区均可种植两季。收获干草的最佳刈割期为乳熟初期，干草中粗蛋白质含量在 15% 左右。青贮利用时以抽穗期至灌浆期刈割为宜。

9）牧乐思　加拿大中熟型饲用燕麦品种，须根发达，茎秆直立，植株高大，乳熟期平均株高 1.5 米以上。叶片宽大，叶量丰富，草品质高，适口性非常好（图 3-5）。对土壤要求不严，pH 5.5~8.0 的土壤上均可良好生长，种植范围非常广，我国温带大部分地区均可种植，以高海拔的冷凉地区最适宜。水浇地亩产干草 800 千克以上，沙地或旱地亩产干草 600 千克左右，两季种植全年干草产量可达 1.2 吨 / 亩。干草中粗蛋白质含量可达 13% 左右。

图 3-5　牧乐思叶片

10）特牧　加拿大饲用燕麦品种，根系发达，抗旱能力较其他品种好，茎秆直立且粗壮，抗倒伏能力强。叶片宽大，叶量丰富，单株上叶片数量多且含糖量高，草味甘甜，适口性好，饲用价值高。在 pH 5.5~8.0 的壤土或沙壤土上均可良好生长，在旱薄地、酸性土壤及盐碱地上的长势比其他麦类作物好。我国温带大部分地区均可种植，以高海拔的冷凉地区最为适宜。出苗快，春季生长迅速，亩产干草600~800千克，两季种植的地区，全年亩产干草可达1.1吨以上。乳熟初期刈割，粗蛋白质含量可达12.3%，茎叶含糖量在6.5%左右，适口性非常好。收获干草的最佳刈割期为乳熟初期，青贮利用时以抽穗期至灌浆期为宜，若青饲利用，宜在拔节期至开花期刈割，或株高50~60厘米时刈割，留茬5~8厘米。

11）**领袖**　加拿大早熟型饲用燕麦品种，直立性好，茎秆坚韧性，抗倒伏能力极强，生长速度快，产量高，品质好，适口性优。高抗燕麦茎部病害、散黑穗病、坚黑穗病。适应能力强，在恶劣条件下仍能保持高产。

12）**美达**　美国中早熟型饲用燕麦品种，出苗快，生长速度快，和杂草竞争能力强，植株高大，叶片颜色为蓝绿色；分蘖性好，耐寒、抗旱能力强，产量高，品质好。

13）**太阳神**　美国中熟型春性饲用燕麦品种，种子较大，建植速度快，在生长季节内快速分蘖。植株高，茎秆有力，不易倒伏，叶量较多且叶片宽大。我国大部分地区可以种植，在冷凉湿润的气候条件下生长最好，粗蛋白质含量在10%~20%。

14）**贝勒**　加拿大中熟型饲用燕麦品种，是加拿大西部地区最常用的燕麦品种，种子活力高，出苗速度快速、整齐，建植率高，建植效果好。抗黑穗病能力强，耐旱性差，因此，生长期间注意灌溉，否则会影响牧草产量。旗叶较宽，叶片含量高，茎秆致密，草产量高，每亩可达600~800千克。叶片叶色浓绿，干草品质好，粗蛋白质含量为13.29%，总可消化养分为62.16%，酸性洗涤纤维为29.88%。

15）**贝勒 II**　加拿大晚熟型饲用燕麦品种，种子活力高，出苗速度快，建植率高。叶片宽，叶量丰富，茎秆致密，抗黑穗病能力强。植株高度最高可达160厘米，产量高，需水量大，生长期间应注意灌溉，否则会影响牧草产量，每亩干草产量可达550~680千克。品质好，初花期收获时粗蛋白质含量为13.29%，总可消化养分为62.16%，酸性洗涤纤维为29.88%。

16）**魅力**　美国中晚熟型饲用燕麦品种，分蘖能力强，叶片含量高，叶片宽，叶色翠绿。抗寒能力强，可在秋季进行播种，能忍受 −10℃的低温。抗倒伏能力强，是箭舌豌豆和红豆的理想伴生植物。适口性好，养分含量高，可用于青贮、放牧或者干草生产。

17）**燕王**　美国中晚熟型饲用燕麦品种，分蘖性、抗逆性强，建植速度快，抗病能力强，高抗冠锈病（图3-6）。叶片宽且螺旋向上，茎秆粗壮，植株直立生长，抗倒伏能力极强。生育期长，成熟期相对其他品种较晚，在美国部分地区每亩干草

图 3-6　燕王

产量比普通品种高 170 千克。

18）爱沃　美国超晚熟型饲用燕麦品种，具有较强的分蘖能力，生长直立，抗倒伏能力强，植株高度中等偏高，在水、肥好的条件下，茎秆抽穗高度在 140~160厘米（图 3-7）。叶片颜色深绿，叶茎比高，抽穗时间晚，在抽穗前仍能长出更多叶

图 3-7　爱沃

片，获得较高的牧草产量。在抽穗期收获，粗蛋白质含量和可消化纤维的含量最高；在乳熟期收获，产量、粗蛋白质和可消化纤维实现最优化。爱沃是个高投入、高产出的品种，在好的水、肥条件下，牧草产量高。

19）牧王　加拿大晚熟型燕麦饲用燕麦品种，叶片颜色深绿，叶片较长且宽，叶茎比高，牧草品质好。抗倒伏能力强，可与豆科作物混播，提高单位面积可消化蛋白含量。耐践踏，可用作放牧地利用。

3. 整地　播种前土壤翻耕是保证播种顺利进行的必要操作，翻耕除可以增加土壤透气性减小容重外，还可以提高土体贮水能力和水分利用效率，提高根系质量，显著增加燕麦拔节期茎数、株高和叶面积指数，提高产量。整地前应保证土壤墒情良好，利于播种后种子正常发芽对水分的需求，如墒情较差，应在整地前进行浇灌。整地时每亩施入氮磷钾复合肥（N:P:K=2:2:1）10~20千克作为基肥。

4. 种子处理　燕麦种子的发芽率受贮藏时间、温度和种子含水量等因素影响较大，播前应测定种子的纯净度和发芽率以保证出苗率。在播种前应用多菌灵或甲基硫菌灵拌种，以防治燕麦黑穗病，用药量为种子重量的0.2%。同时，用20%噻虫嗪乳油按照药种质量比1:40剂量拌种，不仅可以防治蚜虫和红叶病，还可同时防治地下害虫，减轻环境污染，保护天敌，减少燕麦草药物残留。

5. 确定播期　气象因子会影响燕麦生育进程，温度、光照和降水等气象因素对燕麦的分蘖、叶片生长、灌浆、干物质积累、光合作用、呼吸作用等都有显著影响，因此，选择播种日期也成为其生长过程中一个极为重要的栽培措施。播期能够对燕麦种子的发芽和出苗产生显著的影响，燕麦喜凉但不耐寒，同时又忌高温干燥。春季前期，随播期的推迟会由于较晚播种时降水量增加，能够更好地满足其茎分化所需的生长条件，从而导致分蘖数和株高增加，生育进程加快。过早播种时，气温偏低，土壤含水量较低，导致裸燕麦种子发芽受阻；出苗后昼夜温差较大，且伴有轻微霜冻，造成燕麦幼苗受害，影响生长，使燕麦出苗后植株矮小；过晚播种时，气温较高，在出苗到分蘖期，过高的温度会阻碍分蘖，根系发育不良，会导致燕麦种子扎根浅，抗旱、抗倒伏能力差，影响燕麦苗期的生长，进而导致其有效分蘖和穗数降低。

燕麦从播种到三叶期的生长阶段，降水量为主要影响因素，降水量少，则土壤干旱，容易出现燕麦出苗不齐，甚至无法正常出苗的情况。三叶期到抽穗期，燕麦生长主要受≥0℃积温和日照时数的影响，抽穗期燕麦生长的适宜温度为18℃，适宜的温度使分蘖期到拔节期的生育天数增加，有利于其小穗数增加，高温会大大加快其生育进程，从而造成减产。抽穗期到成熟期，燕麦的生长主要受降水量和日照时数的影响。在燕麦全生育期中，日照时数是影响燕麦生长的主要气象条件。燕麦为长日照作物，一方面，充足的光照能够使其光合作用充分进行，为后期的生殖生长提供营养保障；另一方面，充足的光照能够促进燕麦植株茎叶的发育，使燕麦生长进程平稳进行。

我国地域广阔，不同地区气候条件差异较大，适宜播期因地区不同而存在差异。在不同的地区选择适宜的播期播种不仅能为作物的安全生产提供保证，还可以通过作物的生长习性与当地气象条件相结合，充分利用当地温、光、水等外部环境条件调节燕麦生长，使作物的生长过程中能够与外界自然环境等因素相匹配，占据天时地利，以达到促进生长，夺取高产的目的。

燕麦有冬性和春性之分。冬燕麦生育期长，一般在 200 天左右，主要在我国中南部秋季和南半球的冬季种植。北半球以春性燕麦为主，生育期一般为 85~120 天。我国皮燕麦、裸燕麦品种资源较为丰富，除云贵川高原、陕西省一部分品种资源属半冬性外，基本为春性燕麦。

1）**春播**　春季播种时，在降水和温度条件适合情况下，适当早播可增加植株的生长时间，中南部地区可选择在 3 月播种，北方地区可选择在 4 月播种，充分利用有效积温，生长期长，有利于干物质积累，从而使产量增加。春播燕麦 5 月拔节，6 月抽穗，7 月成熟（图 3-8~ 图 3-10）。

图 3-8　春播燕麦 5 月拔节

图 3-9　春播燕麦 6 月抽穗

图 3-10　春播燕麦 7 月成熟

2）夏播　在青海南部地区燕麦最佳播种时期为 6 月中上旬，黑龙江夏播燕麦则在 6 月下旬播种时草产量较高。一般在夏初播种，随着播期的推迟，燕麦的生育天数逐渐增加，由于气温逐渐升高，降水量增加，播种期到出苗期时间逐渐减少，但出苗期至抽穗期的营养生长时间却逐渐增加，生育后期积温降低，光照减弱，导致产量降低。

3）秋播　一般在 10 月中下旬播种，不适宜过早，过早播种会增加根倒的倒伏率。在我国中南部地区由于冬季不是特别寒冷，一些抗寒性好的品种尤其是冬性燕麦的大部分植株可以安全越冬（图 3-11、图 3-12）。由于秋播燕麦分蘖期极长，有秋季和春季两个分蘖高峰期，所以分蘖数较高，尤其是可以形成有效穗的一级、二级分蘖（图 3-13），而且秋播燕麦生长期长，所以植株高度和产量高于春播和夏播燕麦。秋播燕麦 3 月进入拔节期（图 3-14），5 月灌浆，6 月成熟（图 3-15），早于春播燕麦收获期，为夏玉米种植提供了更充足的时间。

图 3-11　秋播燕麦霜冻期状态

图 3-12　秋播燕麦冬季枯黄（左），春季返青（右）

图 3-13　秋播燕麦秋季第一次分蘗（左）与春季第二次分蘗（右）

图 3-14　秋播燕麦 3 月进入拔节期

图 3-15　秋播燕麦 5 月灌浆（左），6 月成熟（右）

6. 播种量　　一般饲用燕麦每亩播种量为 6~20 千克，不同地区适宜播种量差异较大。在河南等水热条件较好地区每亩播种 8 千克即可，在西北等条件恶劣地区应增大播种量到 20 千克左右；秋播和春播相比，由于有较多分蘖，应减少播种量。播种量的增大，植株间对资源的竞争变得更加激烈，低播种量可以减小种间竞争，提高燕麦株高，但过低播种量会影响产量。通常随着密度增加，鲜草产量与干草产量均呈先升高后降低的变化趋势，燕麦单株分蘖数、茎粗、叶长、叶宽随播种密度的增加呈下降趋势，但株高和节长呈上升趋势。合理的播种量可缓和群体与个体之间生存资源竞争的矛盾，使通风透光良好，有利于提高群体光合效率，有利于牧草干物质积累，从而达到牧草的高产。

7. 行距　播种方式是影响生产的重要因素，燕麦一般采用条播方式，条播比撒播增产效益明显，常用的条播行距为 10~30 厘米，有研究表明草产量随着行距的下降呈增加趋势，但随行距下降株高、茎粗呈降低趋势。而茎粗与作物抗倒伏能力和饲草产量有一定的相关性，是可以反映作物生长状况的主要的农艺性状之一，适当增加茎粗有助于提升其茎秆强度和抗倒伏性。为使燕麦具有一定抗倒伏性，行距不应过小，一般 15~20 厘米较适宜。

（三）田间管理

1. 施肥　施肥是提高作物产量的有效措施。氮、磷、钾作为植物必需的大量营养元素，对燕麦草产量和品质有重要的影响。氮肥对燕麦生长的影响要显著高于磷、钾肥，是决定燕麦生产的第一施肥要素。氮素亏缺会导致燕麦叶片失绿而发黄，植株生长缓慢，施氮肥可以促进燕麦植株的生长，使光合作用增强，分蘖数增加及营养物质的制造和积累增加。随着施氮肥量的增加，燕麦的高度、叶长、穗长、分蘖数及各器官生物量也显著增加，并有延长燕麦的生育期趋势。但氮素施用过多会茎叶徒长，茎秆脆嫩而易倒伏，倒伏时间随着施氮量的增大而提早。就施肥时期来说，在燕麦生长早期，施肥对燕麦的生长无显著影响，燕麦株高的快速生长期在拔节期至开花期，最大生长率出现在拔节期至孕穗期，故拔节期是需肥的关键期，此时施肥有显著增产效应，一般在分蘖期至拔节期每亩施尿素 8 千克。

2. 灌溉　充足的水分供应是燕麦优质高产的保证。燕麦在缺水时，气孔导度降低，光合速率下降，会影响干物质积累造成减产。燕麦不同生育期阶段，对水的需求不同，苗期对水需求较低，拔节期、抽穗期燕麦对水分较敏感，耗水量最大，占全期 70%，一般需在分蘖期、拔节期、抽穗期灌溉。但实际生产中，拔节前期短暂缺水会增加细胞渗透调节物质，及时补水后吸水能力更强，有利于新生叶片的生长发育，增强燕麦的水分利用效率，从而节约水资源。因此，最佳浇灌时期是拔节中前期，同时对燕麦进行施肥，以满足拔节时快速生长对水分和肥料的需求，并可延续到抽穗期的水肥需求。以收获牧草为目的时，在灌浆期一般不再灌水，避免引起倒伏影响收获。对于秋播燕麦，应该在冬至后灌溉冬水，保证越冬和春季快速生长。

3. 杂草防除　燕麦大面积种植生产中，处理杂草是一大问题。使用化学除草剂来防除田间杂草是目前成本低、见效快、切实可行的除草方法。但是，不同的除草剂在控制田间杂草的同时对燕麦作物的影响也不同，甚至产生一定的危害，影响燕麦产量和品质，所以除草剂在使用前应小面积试用，观察防除效果和药害。燕麦地常见的杂草主要有灰菜、荠菜、刺藜、萹蓄、卷茎蓼、甜菜菜、草地凤尾菊、马齿苋、籽粒苋、打碗花和狗尾草等。

播前 5 天每亩可用 48% 仲丁灵乳油 375 毫升对水喷施，播后 5 天每亩可用 96% 金都尔乳油 90 毫升对水喷施。在燕麦和杂草未出土前，用水喷湿 2 毫米土层后，按田普（主要成分为二甲戊灵）原液 2 500 毫升 / 公顷，对水 960 千克均匀喷施于土表对藜科、蓼科、禾本科、苋科杂草效果较明显，尤其是对藜科杂草的防治效果最好，最高的达到了 100%，而对马齿苋科、菊科、旋花科杂草效果不好。麦出苗 20 天后每亩用 40% 二甲溴苯腈可湿性粉剂 100 克对水喷洒可有效防除燕麦田间杂草。燕麦三叶至四叶期，每亩用 20% 使它隆可湿性粉剂 50 毫升对水喷施。在燕麦拔节前，阔叶杂草的防治可以每亩用 20% 氯氟吡氧乙酸乳油 30 毫升，同时配合助剂如农药导航（青皮枯油）等使用，促进药物快速吸收，喷药后 2 小时后降雨不影响药效。禾本科杂草防除，每亩可用 "72% 异丙甲草胺 130 毫升 +33% 二甲戊灵 130 毫升 +25% 辛酰溴苯腈 130 毫升" "50% 丙草胺 65 毫升 +10% 的吡嘧磺隆 33 克 +25% 辛酰溴苯腈 130 毫升" "48% 氟乐灵 130 毫升 +10% 的吡嘧磺隆 33 克 +25% 辛酰溴苯腈 130 毫升" 或 "2.5% 五氟磺草胺 33 毫升 +10% 的吡嘧磺隆 33 克 +25% 辛酰溴苯腈 130 毫升" 对水 30 升，在燕麦出苗以后禾本科杂草三叶一心之前田间喷雾，对非禾本科杂草亦能起到显著的防治效果。

4. 燕麦虫害防治　危害燕麦的害虫都属于麦类、禾谷类的杂食性害虫，主要有草地贪夜蛾、黏虫、地下害虫、蚜虫等，防治方法亦与麦类作物类似。

1）草地贪夜蛾　危害燕麦时表现为低龄幼虫取食叶片和钻蛀心叶；高龄虫咬食茎秆和分蘖基部，造成分蘖减少、成穗折断，严重时大幅减产甚至绝收（图 3-16）。出苗期至分蘖期多为低龄幼虫危害，拔节后低、高龄幼虫均有，抽穗灌浆期则以高龄幼虫为主。垂直方向上幼虫分布和危害具有规律性：1~2 龄幼虫喜欢栖息于上部幼嫩的叶片或钻蛀心叶取食；3 龄幼虫少量停留于麦苗中部叶片、叶鞘上，麦苗近地表面的分蘖着生处常见；4~6 龄幼虫多数躲在麦丛基部和表层土壤下 1 厘米左右的根茎连接部或缝隙中，与地下害虫的危害特征相似，不易发现，少量聚集在着生分蘖的麦苗内，麦株上部和中部很难查见。防治草地贪夜蛾应"治早治小、全力扑杀"，以保幼苗、保心叶、保产量，在成虫发生高峰期，集中连片使用灯诱、性诱、食诱和迷向等措施，诱杀迁入成虫、干扰交配繁殖、减少产卵数量，压低发生基数，控制迁出虫量（图3-17）。扑杀幼虫时，抓住草地贪夜蛾1~3龄的最佳用药窗口期，选择在清晨或傍晚，对作物主要被害部位施药。草地贪夜蛾是我国重点防控的全国性害虫，危害各种作物，农业农村部推荐的单剂有甲氨基阿维菌素苯甲酸盐、茚虫威、四氯虫酰胺、高效氯氟氰菊酯、氯氟氰菊酯、甲氰菊酯、虱螨脲、虫螨腈、甘蓝夜蛾核型多角体病毒、苏云金杆菌、金龟子绿僵菌、球孢白僵菌、短稳杆菌、草地贪夜蛾性引诱剂。复配制剂有甲氨基阿维菌素苯甲酸盐茚虫威、甲氨基阿维菌素苯甲酸盐·氟铃脲、甲氨基阿维菌素苯甲酸盐·高效氯氟氰菊酯、甲氨基阿维菌素苯甲酸盐·虫螨腈、甲氨基阿维菌素苯甲酸盐·虱螨脲、甲氨基阿维菌素苯甲酸盐·虫酰肼、除虫脲·高效氯氟氰菊酯。

图3-16 草地贪夜蛾幼虫

图3-17 草地贪夜蛾成虫

2）黏虫　又名粟夜盗虫、五花虫、行军虫等，是我国禾谷类作物的毁灭性害虫之一，对燕麦危害极大，幼虫黄褐色或黑褐色，白天潜伏，夜间活动，常咬食叶片和幼穗。幼虫应消灭在3龄前，每亩可用0.04%二氯苯醚菊酯粉剂1.5千克，喷粉处理。

3）地下害虫　地下害虫种类繁多，常见的有蝼蛄、地老虎、金针虫和蛴螬等，发生时间参差不齐，食性复杂，主要取食发芽种子和幼苗，也取食成株。一般采用播种时药剂拌种和毒饵结合诱杀防治，药剂拌种每吨用50%辛硫磷乳油1千克加水拌种。

4）蚜虫　俗称腻虫，是燕麦常见虫害，在苗期、分蘖期、灌浆和成熟期均可发生，并可传播燕麦红叶病，使燕麦的产量和品质有所下降，给燕麦生产造成了巨大的损失。燕麦蚜虫常见的有麦二叉蚜、禾谷缢管蚜、麦长管蚜等。播前通过拌种预防，是一种非常有效的措施，省时省工，用20%噻虫嗪或16%噻戊燕麦种衣剂（噻虫嗪15%~20%，戊唑醇0.05%~0.1%，分散剂2%~7%，助悬剂1%~6%，成膜剂0.1%~3%，填料1%~10%，防腐剂1%~3%，着色剂3%~5%，余量为水）按照药种质量比1:40剂量拌种，不仅可以防治蚜虫和红叶病，还可同时防治地下害虫，减轻环境污染，保护天敌，减少燕麦草药物残留。叶面喷施防治蚜虫可在蚜虫危害时，可用2.5%高效氯氟氰菊酯乳油1 500倍液加3%啶虫脒乳油1 000倍液；50%抗蚜威可湿性粉剂，每亩用量10~12克，对水15~30千克；10%吡虫啉可湿性粉剂10~20克/亩，对水30~40千克；3%啶虫脒乳油2 500~3 000倍液喷雾。

5. 燕麦病害防治　病虫害是影响饲用燕麦草生产的重要限制因素，常见的燕麦病害有黑穗病、红叶病、白粉病等。

1）燕麦黑穗病　又名黑疸、乌霉等，本病包括燕麦坚黑穗病菌和燕麦散黑穗病菌，是我国燕麦产区的主要病害，是真菌性病害，发病率常在10%以上。种子发芽时病菌也发芽，带病植株抽穗初期以前无明显症状，灌浆后期病穗的结实部分变成黑褐色粉末状的孢子堆。坚黑穗病菌孢子堆常黏成坚硬小块，不易破裂，故又称坚黑穗病。散黑穗病菌在燕麦成熟前易破裂散出黑粉，称为散黑穗病。拌种是最有效的防除方法，可在播种前按种子量的0.3%用甲基硫菌灵、克菌丹、萎锈灵或多菌灵进行拌种。对植株目前主要使用化学药剂进行防治，但效果不如拌种，而且化学药剂的长期和大量使用而引起的农药残留问题。不同品种对黑穗病感染程度有较大差异，目前有较多对黑穗病免疫或高抗品种，可以选用。

2）燕麦红叶病 燕麦红叶病的病原是大麦黄矮病毒，近年来，在我国间歇性流行，尤其是 5 月气温高，湿度小，气候较干旱时，主要由麦二叉蚜禾谷缢管蚜、麦长管蚜及麦无网长管蚜等传播，能引起燕麦茎叶发红发紫、光合作用减弱、植株矮化、分蘖减少乃至小穗不孕等。蚜虫及其传播的红叶病成为燕麦生产上的常发性主要病虫害，严重影响燕麦的产量和品质，其中红叶病造成燕麦产量损失 30%~50%。燕麦红叶病的防治主要是对蚜虫的控制，方法同蚜虫防治方法，也可选用一些抗蚜品种。

3）燕麦白粉病 由禾布氏白粉菌引起，是影响燕麦生产的重要病害之一，是典型的气传病害，其主要危害叶片及叶鞘，影响植株功能叶片的光合作用。白粉病在幼苗期发病，导致生长发育受阻，严重时植株死亡；分蘖期主要抑制根系发育、减少分蘖形成；抽穗及开花期发病，引起穗粒数减少，籽粒饱满度和粒重下降。据报道，白粉病会导致产量区域性减少 13%~34%，严重时可减产 50% 以上。生产中主要以三唑酮为代表的三唑类化学药剂防治白粉病，还可用新型甲氧基丙烯酸酯类杀菌剂、多菌灵、腈菌唑、苦参碱、大黄素甲醚和枯草芽孢杆菌等药物，在发病初期开始喷施，间隔 7 天喷第二次，可有效控制白粉病的发生危害。

（四）收获

1. 燕麦干草的收获时期 饲草生产追求的是较高的产量和优良的营养品质，但饲草作物干草产量高峰和营养最佳期不一致，收获越晚产量越高，但会导致饲草中可利用的营养成分含量降低。刈割时间过早，营养价值较高但草产量低，需要权衡产量与品质的平衡点，选择最佳刈割期使干草产量和营养品质的组合达到最优。国外一些学者认为燕麦的最佳刈割期为乳熟末期到蜡熟期，而国内大部分学者认为燕麦的最佳刈割期应提前，为抽穗期和灌浆期。

总的来说，大家一致认可刈割时期的不同会影响产草量和品质。分别在抽穗期、灌浆期和乳熟期进行收获，随着生育期的延迟，干物质含量逐渐升高，乳熟期干物质产量比抽穗期和灌浆期高 46%、15%。刈割过早，不利于形成最大生物量；而刈割过迟，内含营养物质会快速流失。作为评价饲草品质的重要指标，粗蛋白质的含量与干草产量呈负相关，燕麦青干草在花期平均蛋白含量最高，随着刈割收获期的推移，燕麦植株中的粗蛋白质含量会明显下降。研究表明，麦类作物在开花期以前会将粗蛋白质贮存在植物体内，而之后会将这些粗蛋白质以水解的方式形成氨基酸供给种子灌浆。因此，为了维持最大生物量与保持较高的粗蛋白质含量，应在灌浆期刈割。此外，酸性洗涤纤维和中性洗涤纤维含量也是衡量饲草品质的两个重要指标，随着生育时期的推移，二者含量随着刈割时期的推后表现为先增加后减少的变化规律，这是因为灌浆期的燕麦籽粒酸性洗涤纤维和中性洗涤纤维的含量低，提高了燕麦草整体的品质。

综合来说，饲用燕麦在灌浆期刈割较为适宜，但如遇到倒伏情况可考虑提前收获。

燕麦具有一定的再生能力，有部分地区对燕麦采取二次刈割或多次刈割，刈割时保留较高的留茬有利于燕麦的补偿作用，促进再生。不过，早期刈割虽然再生性强但第一茬草产量较低，如推后至抽穗期至乳熟期刈割，第二茬草产量较低，不具有实用价值，故燕麦干草生产一般不采用多次刈割。

2. 燕麦青贮 燕麦调制干草采用自然晾晒的方式受天气影响较大，青贮通过乳酸菌发酵产生乳酸以长期保存青绿饲料，不受天气影响，青贮料营养价值优于干草。在青贮时需要注意，一般要求 pH 在 4.2 以下，且含水量对青贮品质影响较大，含水量过高不仅会引起梭菌发酵产生气味不佳的丁酸降低适口性，还会有大量营养成分渗出造成损失；含水量过低会限制青贮有益菌群的生长，使乳酸菌菌落变小，降低产生的乳酸量，pH 难以下降到适宜水平，同时不易压实，容易引发霉变。燕麦乳熟后期，含水量 60%~75%，为青贮发酵的适宜含水量，能显著抑制不良发酵，提高青贮饲料营养价值，可直接青贮。抽穗期和灌浆期虽然鲜草品质较高，但干物质含量低，不利于青贮，需刈割后晾晒，萎蔫处理的青贮料品质优于鲜贮，但增加了操作环节。获得优质青贮不仅要求燕麦含水量适宜，还应有充足的水溶性碳水化合物（WSC）含量，WSC 是乳酸菌生长繁殖的底物，燕麦鲜草的 WSC 含量应在 3%以上。当原料 WSC 含量较低时，一般采用添加糖基质的方式改善青贮发酵条件，如糖蜜、玉米粉等。

3. 燕麦青刈 青绿牧草是含水量大于 60%的幼嫩青绿植株、茎秆和叶片等，其含水量较高、热能值较低，动物可以直接大量取食，其中含有的酶、有机酸、激素等，相较于干草更有助于畜禽消化，牛可消化 75%~85%，马可消化 50%~60%，猪可消化 40%~50%。青绿饲料粗蛋白质含量按干物质计算达到 13%~15%，可以满足动物对粗蛋白质的基本需求，其中还含有各种必需氨基酸，以赖氨酸和色氨酸居多，对于动物肉质以及营养的提高具有较好的效果。青绿饲草纤维素含量低，适口性佳，消化率高，在现代化农场中常大规模种植青绿饲料以供牲畜放牧使用，青绿饲料叶片中叶绿蛋白的氨基酸组成类似于酪蛋白，泌乳动物摄入之后很容易转化成乳蛋白，所以对泌乳动物喂食青绿饲料极为有利。青绿饲料也是矿物质的良好来源，一般矿物质占鲜重的 1.5%~2.5%，占干物质 12%~20%，在依靠青绿饲料为食的动物体内不易缺钙，相对而言，其钙、磷比例在青绿饲料中较为适宜。

（五）利用

燕麦生育期短、生长速度快，可以在短时间内获得较高产量，尤其是燕麦适应性强、种植灵活、利用方式多样，成为退耕还草及农业种植结构调整的优良粮饲兼用作物。燕麦的茎叶可以制成干草捆，也可以制成青贮，最大限度地保存营养，同时也便于贮存和利用。燕麦也可青刈利用，青刈燕麦草柔嫩多汁，适口性好，蛋白质、脂肪、可消化纤维高于小麦、大麦、黑麦、谷子、玉米，而难以消化纤维较少，可提高乳牛产奶量。饲用燕麦草无论是用作青饲、青贮或加工调制干草都较为适宜，近年来迅速成为继苜蓿之后的第二大饲草。

1. 燕麦草的营养特点　燕麦草具有蛋白质、脂肪、水溶性碳水化合物（WSC）等含量高，适口性好，中性洗涤纤维（NDF）含量低，消化率高的特点。

1）碳水化合物　饲草中的碳水化合物分为结构性碳水化合物（SC）和非结构性碳水化合物（NSC）。SC 主要存在于细胞壁中，细胞壁主要由果胶和中性洗涤纤维（NDF）等组成。NDF 作为植物中主要的纤维类物质，一般由纤维素、半纤维素和木质素组成，需要通过瘤胃纤维分解菌的分解对其进行消化。酸性洗涤纤维（ADF）和 NDF 含量是衡量饲草消化品质的重要指标，燕麦干草的 ADF 含量在 30% 左右，NDF 含量在 40%~60%。虽然与苜蓿干草相比，燕麦干草的 NDF 和 ADF 含量略高，但其木质素含量较少，含有更多容易消化的纤维素和半纤维素，因此，燕麦消化率较高。NSC 存在于细胞内，主要由淀粉、蔗糖和果糖构成，不需要微生物的降解作用即可被动物消化。燕麦干草的 NSC 含量为 13.6%，高于苜蓿干草的 12.5% 和苜蓿青贮的 7.5%。水溶性碳水化合物（WSC）是指构成植物细胞壁及细胞内容物中可溶或易溶性碳水化合物的总称，主要包括果聚糖、葡萄糖、果糖、蔗糖、棉籽糖和水苏糖等，口感好，可以完全被消化吸收。燕麦干草是一种富含 WSC 的牧草，通常情况下含量大于 15%，因此，燕麦具有更高的消化率和适口性。

碳水化合物在动物饲粮中所占比例通常在 60% 以上，碳水化合物在瘤胃中经过微生物的分解最终生成挥发性脂肪酸（VFA），为动物机体活动和反刍动物瘤胃微生物的生长繁殖提供能量，是动物的能源物质主要来源。潘美娟研究发现，燕麦干草的 WSC 含量为 18%~25%，ADF 含量为 30%~34%、NDF ≤ 55%，干物质消化率58%~60%，碳水化合物可降解的部分比例大，VFA 产量显著高于谷草和青贮玉米。由于燕麦干草 WSC 含量高，可提高适口性、消化率和奶牛的采食量，从而提高泌乳牛的奶产量。

2）粗蛋白质　燕麦干草粗蛋白质含量 7%~18%，比苜蓿干草略低，但高于一般牧草、青贮玉米及其他秸秆类作物。不同品质的燕麦干草粗蛋白质含量差异较大，主要与品种、刈割时间、生长期及收获工艺等有关。通常，抽穗期至灌浆期的燕麦干草粗蛋白质含量最高，而且具有较高的干物质产量和消化率，是收获燕麦干草的最佳时期。燕麦干草中所含的粗蛋白质被反刍动物食入体内后，首先进入瘤胃进行消化。瘤胃微生物将其中的可降解蛋白进行分解，并通过一系列的瘤胃代谢最终转化成微生物蛋白被机体吸收和利用，燕麦干草的粗蛋白质瘤胃降解率通常较高，另外一些不能被瘤胃微生物降解的部分进入消化道被消化吸收。燕麦干草的粗蛋白质在反刍动物瘤胃中的降解率低于苜蓿干草但显著高于谷草和青贮玉米。

3）脂肪　脂肪由甘油和脂肪酸组成，又可分为饱和脂肪酸、单不饱和脂肪酸和多不饱和脂肪酸，是家畜机体必不可少的营养物质。燕麦干草粗脂肪含量通常在1.30%~3.60%。燕麦干草的品质不同，粗脂肪含量有较大差异，品质优良的进口燕麦干草粗脂肪可达 4.00% 以上。

4）矿物质　矿物质是家畜生长必不可少的营养元素，燕麦干草含有丰富的矿物质，其含量高于小麦、玉米和谷子等。钙含量通常在 0.31%，含磷量 0.23% 左右，钾含量约 1.71%。燕麦干草钾含量通常低于 2%，低钾饲料对于围产前期奶牛的养殖有非常重要的作用，可避免产乳热。

5）能量　在奶牛的生产性能上燕麦干草所提供的产奶净能为 3.42 兆焦 / 千克，与苜蓿干草产奶净能接近。但是苜蓿干草通常不能饲喂围产期的奶牛，而燕麦干草在奶牛任何生育阶段都可使用，是可靠而重要的能量来源。

2. 燕麦干草在单胃动物生产中的应用　燕麦干草由于其较高的营养价值和良好的适口性，常被用作单胃动物饲料，某些单胃动物饲粮中添加部分燕麦干草可显著提高饲料转化率和日增重。目前，燕麦干草仍然是赛马的主要饲草料来源之一。采用燕麦干草饲喂马，可显著提高马的畜产品产量及品质。在妊娠母猪日粮中添加适宜比例的燕麦干草，母猪的生产性能、产崽的个数和幼崽成活率均有不同程度的提高。

3. 燕麦草在奶牛生产中的应用　我国奶业正处于从数量型向质量效益型、从传统奶业向现代奶业转变的关键时期。牧草作为奶牛饲养中的重要粗饲料来源，在奶牛饲料成本中占比约为30%，粗饲料的来源和品质是影响奶牛生产性能的重要因素。瘤胃是反刍动物最重要的消化器官，粗饲料被反刍动物采食后在微生物作用下在瘤胃中降解，燕麦草是优质粗饲料，饲喂燕麦草的奶牛其牛奶抗氧化性高于饲喂苜蓿干草。燕麦草对奶牛的产奶量增产效果显著优于全株玉米青贮。饲喂燕麦草可减少精饲料使用量。因此，奶牛饲喂燕麦草，对于提高粗饲料利用效率、维持乳脂率和乳蛋白率，抑制奶牛产后病和代谢病，保证奶牛瘤胃健康和延长奶牛产奶时长，降低饲养成本，增加产奶量，增加日增重等方面有重要作用。燕麦草与苜蓿搭配使用时，苜蓿∶燕麦草（60∶40）组合粗饲料分级指数（GI=6.25）最优。

燕麦草在奶牛干奶期和围产期饲用效果显著，干奶期的饲养是否合理，直接影响到下一个泌乳期的生产性能。给干奶前期奶牛饲喂2~3千克燕麦草可以显著提高采食量，降低奶牛产犊时人工助产的比率，明显降低产后酮病的发病率，提高奶牛产后21天以内的产奶量。围产后期（产后21天以内）的生产表现直接影响整个泌乳期的生产性能，围产期的饲喂及管理重点是奶牛的干物质摄入量。围产奶牛在产犊前后食欲会降低，燕麦干草中的可溶性碳水化合物的含量很高，一般都不低于15%，因此燕麦草的口感较甜，一度拥有"甜干草"的称号，散发的气味促使奶牛具有进食欲望，提高产前和产后奶牛的食欲和采食量，可维持正常瘤胃功能，提高奶牛免疫功能，减少产犊前后体脂动用，维持正常血钙、血镁程度等，使泌乳初期达到较高干物质摄入量，保证产奶量和奶牛体重。另外，燕麦草中钾的含量相对偏低。

犊牛抵抗力较差、消化系统发育不完全，日粮固体饲料供给直接关系到其健康水平、日增重、消化道发育完善程度以及犊牛能否平稳度过断奶应激时期。犊牛补饲燕麦草，有助于提高其生长速度，缓解断奶应激，效果优于苜蓿、黑麦草、大麦秸和玉米青贮等。

4. 燕麦草在羊生产中的应用　燕麦草由于价格较高，目前主要用于饲喂奶牛，在羊养殖上使用甚少。目前在世界范围内还没有作为一种基础日粮用来饲喂肉羊，在肉羊的日粮组分中仅仅添加少部分作为粗饲料。绵羊饲粮中添加燕麦干草可提高其饲料转化率和营养物质表观消化率，提升瘤胃 NH_3 的利用率和瘤胃蛋白氮浓度，增加瘤胃产气量，降低瘤胃原虫相对含量，有利于瘤胃内环境的稳定和调控。在精料水平相同的条件下，50% 全贮玉米青贮和 50% 燕麦草混合作为粗饲料饲喂绵羊具有非常好的效果。与燕麦干草相比，青贮能更好地保存燕麦中的营养物质，青贮燕麦草中粗蛋白质的含量比燕麦干草均有不同程度增加，在饲喂幼龄绵羊时，可显著增加绵羊日增重。

四、饲用小黑麦标准化生产技术

　　小黑麦是人工培育的物种，由小麦属和黑麦属物种经属间杂交并应用染色体工程育种方法使杂种染色体加倍而成的新物种。小黑麦既有小麦的丰产性，又保持了黑麦属物种抗逆性强的特点。我国于 20 世纪 50 年代开始研究小黑麦，20 世纪 70 年代陆续有育成品种出现，因其抗逆性强曾作为粮食作物在我国西南、西北高寒区域种植。20 世纪 90 年代以后，随着社会经济的发展，逐渐作为饲料作物开始种植，育种方向也逐渐向饲用特性转移，培育出了饲用小黑麦（图 4-1）。饲用小黑麦具有植株高、分蘖多、茎叶繁茂的特点，粗蛋白质含量在 15% 左右，赖氨酸含量在 0.4% 以上，抗逆性强，产量高，是一种优良的饲用作物。目前主要育成品种有中国农业科学院培育的中新系列、中饲系列，贵州省草业研究所培育的黔饲系列，河北省农林科学院培育的冀饲系列等。饲用小黑麦适应性广泛，能够在我国各区域种植。

图 4-1　饲用小黑麦

（一）植物学特征与生长发育特性

1. 植物学特征 饲用小黑麦为禾本科一年生越冬性禾谷类饲草作物，株高160～200厘米，分蘖多，一般为5～8个。主根不发达，须根分布广，能够吸收土壤养分和水分，可在贫瘠土地种植。茎分蘖节成球状体，茎秆粗壮，茎直径可达0.5～0.7厘米，各节长度和直径一般大于小麦，抗倒伏性优于小麦属和黑麦属作物。叶互生，叶量大，叶色深于小麦，叶茎比高，叶宽1.5厘米左右，苗期叶片长25厘米左右，且具厚蜡质层，叶脉为平行脉或弧形脉，抽穗后叶片短小能够降低蒸发量，叶片细胞质膜透性低，因此具有较强的抗旱性和一定的耐盐性。花基数常为3，小花数多，每一小穗有3～7朵小花，一般基部有2朵小花结实。穗大粒多，主穗小穗数25个左右，每穗穗粒数50个左右，穗长15厘米左右，部分品种具芒（图4-2）；种子偏瘦长，千粒重50克左右。产量高，亩产鲜草2 500～3 500千克，亩产干草620～900千克，亩产籽粒200~300千克。

图4-2 不同饲用小黑麦品种的芒

2. 生长发育特性 在中原地区，9月下旬至10月上旬播种，播种7天左右出苗，出苗35天左右进入分蘖期，冬前苗高10厘米以上，整个越冬期苗情青绿，第二年3月中下旬拔节，4月中旬孕穗，孕穗1周左右进入抽穗期，5月初扬花，6月中上旬成熟，生育期260天左右。小黑麦植株的营养价值较高，分蘖期植株茎叶粗蛋白质含量为18%，赖氨酸含量为0.6%，抽穗期粗蛋白质含量可达11%；小黑麦叶片中粗蛋白质含量高达15%～19%，含有10种人体必需氨基酸且含量均衡。在其含有的氨基酸中赖氨酸含量高达 0.41% ~ 0.49%,比小麦高 50%;籽粒粗蛋白质含量 20% 左右,接近于小麦籽粒粗蛋白质。抗寒性强,可耐 -30~-20℃ 的低温,在 2 ~ 13℃ 较低温度下能够快速生长,在整个冬季保持青绿;抗旱、耐盐、耐瘠薄、适应性广,在高寒一季作物区,如东北地区,可与大豆轮作,复种青贮玉米,提高亩均生物质产量;在黄淮海地区种植,与多种春播作物形成一年两作甚至三作种植模式;在南方水稻种植区域,可充分利用冬闲田,提高土地利用率。

(二)种植地选择及播种

1. 选地　选择地势平坦,肥力中等,排灌良好,适合机械化作业的地块,以壤土或沙壤土为宜。

2. 整地　精细整地是保证小黑麦播种质量的关键,平整松软的土地能够帮助小黑麦根部健全发育,促进幼苗健壮生长。整地需深耕 20 ~ 25 厘米,细耙达到地面平整无坷垃,适当镇压,有助于稳苗,避免后期倒伏。播前检查墒情,足墒下种,缺墒浇水,过湿散墒,播前 0 ~ 20 厘米土壤含水量要求:黏土 20%,壤土 18%,沙土 15%。结合整地施足基肥,提倡施用有机肥。有机肥可于上茬作物收获后施入,并及时深耕;化肥应于播种前,结合地块旋耕施用,化肥每亩施用量折合纯氮(N) 7 ~ 8 千克、磷(P_2O_5)6 ~ 9 千克、钾(K_2O)2 ~ 2.5 千克。施用有机肥的地块每亩增施腐熟有机肥 3 ~ 4 米^3。实施秸秆还田的地块每亩增施氮肥 2 ~ 4 千克。未经腐熟和无害化处理的有机肥,或者其他不符合环保规定的肥料禁止施用。

3. 播种

1)品种选择　选择通过国家审定的优质、高产冬性饲用小黑麦品种,河南省一般为秋季播种,第二年接茬复种,应选择中早熟品种。目前,通过审定的部分中早熟品种特性如下:

(1)中饲 237　1998 年通过全国牧草品种审定委员会审定。为中早熟品种,生育期 250 ~ 260 天。植株高大,株高 105 厘米左右,叶量大,茎秆粗壮,抗寒性强,分蘖力强,越冬总茎数较多,丰产性好,抗倒伏,便于机械收获。品比试验鲜草产量 47 120 千克 / 公顷,干草产量 14 480 千克 / 公顷,籽粒产量 3 784 千克 / 公顷;大田生产鲜草产量在 37 500 ~ 45 000 千克 / 公顷。扬花后 10 天取植株测定品质表明,其粗蛋白质、粗脂肪等含量均高于对照大麦品种;17 种氨基酸总量高于对照大麦品种。叶茎柔软，适口性好，但其含糖量较低，制作青贮料时应添加蔗糖。该品种适宜 10 月中上旬播种。

（2）中饲 828　冬性，株高 180 厘米左右，分蘖能力中等，茎秆粗壮，抗倒伏强，营养生长繁茂，叶量大，叶茎比高，绿叶持续时间长，茎叶可多次刈割，亩产草量 3 000~3 500 千克，青饲的粗蛋白质含量 15.8%，赖氨酸含量 0.44%；亩产干草 600 ～ 750 千克，粗蛋白质含量 8% ～ 10%，赖氨酸含量 0.3%；亩产草粉 200 ～ 250 千克，粗蛋白质含量 20% ～ 24%，赖氨酸含量 0.5% ～ 0.6%。耐寒，耐旱，对白粉病免疫，高抗条锈病、叶锈病和秆锈病。

（3）中饲 1048　2008 年登记。植株高大繁茂，株高 150 ～ 180 厘米，芽鞘淡红色，分蘖多，茎秆粗壮，叶互生，叶量大，叶色浓绿蜡质，叶茎比高，茎叶繁茂。穗呈纺锤形，白壳，红粒，芒长中等，穗轴基部有茸毛，每穗小穗数 20 ～ 30 个，结实 40 ～ 50 粒，千粒重 40 ～ 43 克。冬性强，中晚熟，对白粉病免疫，高抗条锈病，中抗秆锈病，但易感叶锈病。抗旱，耐寒，抗倒伏。亩产鲜草 2 800 ～ 3 300 千克，亩产干草 700 ～ 1 100 千克，亩产籽粒 200 ～ 300 千克。开花期干物质中粗蛋白质含量达 15.74%，籽粒粗蛋白质含量 18.28%。

（4）中饲 1877　2010 年登记。一年生或越年生草本。须根系，分蘖 3 ～ 6 个，株高 160 ～ 170 厘米，植株高大繁茂，茎直径 5 ～ 6 毫米，生长整齐一致。穗呈长方纺锤形，长 11 ～ 12 厘米，中芒，白壳，红粒，小穗多花，每穗小穗数 22 ～ 26 个，结实 40 ～ 45 粒，千粒重 35 ～ 37 克。强冬性，中晚熟，对条锈病和白粉病免疫，中抗赤霉病，慢感叶锈病，抗旱、耐寒、抗倒伏。亩产鲜草 3 000 ～ 3 500 千克，亩产干草 900 ～ 1 100 千克，亩产籽粒 250 ～ 350 千克，营养丰富，适口性好，抽穗期干物质中粗蛋白质 17.16%，粗脂肪 2.87%，粗纤维 25.5%，无氮浸出物 42.58%，粗灰分 11.89%，钙 0.92%，磷 0.32%。

2）种子处理　播种前将种子晾晒 1 ～ 2 天，每天翻动 2 ～ 3 次。地下害虫易发区可采用甲基辛硫磷拌种，防治蛴螬、蝼蛄等低下害虫，或者进行种子包衣处理。

3）播种方法　在河南省种植饲用小黑麦的最佳时间为秋季，9 月下旬至 10 月上旬，不同品种播种时应根据饲用小黑麦种子（图 4-3）发芽率和净度计算准确播种量，播种深度 3 ～ 4 厘米，下籽应均匀，播行直，不漏不重，确保全苗。

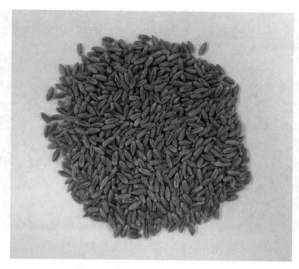

图 4-3　饲用小黑麦种子

（1）单播　10月中旬以前播种，播种量为10～12千克/亩；10月中旬以后播种，应适当增加播种量，可参考每晚播1天，增加播量0.5千克/亩，总量控制在20千克以内。以收种子为目的时，应减少播量，播种量为8～10千克/亩。

（2）混播　饲用小黑麦可与箭舌豌豆混播建植人工草地，混播时每亩用种量为各自亩均实际播种量的50%，实际播种量根据所选品种发芽率和种子净度计算。种子混合后同行播种，行距30厘米，播深4厘米，于小黑麦扬花期、箭舌豌豆开花期收获，株高180厘米左右，亩产鲜草3 800千克左右，亩产干草1 400千克左右，比单播提高产量30%以上。

（三）田间管理

出苗至越冬期管理以促根增蘖，培育壮苗为主，出苗后及时对苗情进行检查，发现有缺苗断垄时，应及时补播，确保饲用小黑麦幼苗（图4-4）长势均匀一致，越冬前每亩达到100万茎左右。出苗后遇雨土壤板结或出现苗黄的地块须及时搂麦松土通气保墒。麦苗出现旺长时，应及时压麦，防止徒长。种子田适当减少水肥以控制营养生长，促进生殖生长，也可以在拔节前后喷施2~3次矮壮素，每次用量0.1千克/亩，同时要与小麦及其他小黑麦品种的生产田有一定距离，防治产生杂交种，并在抽穗期和成熟期注意去杂，以确保种子纯度。

1. 施肥　饲用小黑麦对氮肥需求量大，适当增加氮肥用量，可提高饲用小黑麦

图 4-4　饲用小黑麦幼苗

产量和粗蛋白质含量；提倡减少化肥使用，增加有机肥使用，一般有机肥用量为
1 000 千克 / 亩；在饲草生产田，应以施氮肥为主；在种子生产田，应配合施用氮、
磷肥，可用 15 千克 / 亩磷酸二铵作基肥，3 ~ 5 千克 / 亩尿素作种肥，8 ~ 10 千克 /
亩尿素于三叶期作追肥。

2. 灌溉　饲用小黑麦的水分敏感期为分蘖期、拔节期、孕穗期和灌浆期，根
据墒情适当灌溉有利于促进饲用小黑麦生长，但过度浇水会导致后期倒伏（图 4-5）
概率增加，因此，一般生产中可在返青期和拔节期各浇水 1 次（3 月中下旬），最晚
需在 4 月 5 日（清明节）前完成灌溉。冻害年份地表干土层超过 4 厘米时，在返青
前可抓紧回暖时机喷灌 1 ~ 2 小时。上冻前应浇足冻水，喷灌 4 ~ 6 小时，灌溉量
24~36 米³/ 亩，增强抗寒力，确保安全越冬，利于翌年早春返青。浇足冻水是饲草
小黑麦生产的关键措施之一。

3. 有害生物防治　饲用小黑麦综合抗病性强，对白粉病免疫，高抗叶锈病、
条锈病、秆锈病、丛萎和黄萎病毒病，抽穗期或可感染叶枯病，但对植株后期生长
发育及产量的影响不大，可不予施药；虫害少，春季或可有蚜虫（图 4-6），一般在
抽穗期发生，未达到防治要求时可不予施药，达到防治要求时，每公顷可使用 0.3%
印楝素 90 ~ 150 毫升，或者 10% 吡虫啉可湿性粉剂每公顷 300 ~ 450 克，在刈割
前 15 天内不得使用农药。生育期内杂草对其影响较小，如杂草严重，应在苗情稳定
后及时除杂。

图 4-5　倒伏　　　　　　　　　　　　图 4-6　蚜虫

（四）收获与加工

饲用小黑麦利用方式多样，饲喂效果好，作鲜草、青贮、干草均可，最佳刈割期应根据品种特性和收获目的确定，以获得较高的粗蛋白质产量和饲草产量。拔节期刈割，留茬高度 5 厘米，粗蛋白质含量高，中性洗涤纤维和酸性洗涤纤维含量低，适宜制作青干草或青饲；乳熟期刈割，产量高，总糖和淀粉含量高，适宜制作青贮。抽穗后期降水和大风天气极易引起饲用小黑麦倒伏，如出现倒伏应及时刈割。

1. 青刈　饲用小黑麦具有可再生性，青饲一般可刈割 2 ~ 3 次，前两次刈割后饲用小黑麦可再生，第三次刈割后基本不再生长。因此，若急需春季饲草，可在拔节前植株 30~35 厘米时刈割 1~2 次，留茬 5 厘米，第二次刈割后追施复合肥 20 千克 / 亩，直至抽穗或乳熟期进行最后一次刈割虽然饲用小黑麦是可再生的，但是研究表明，一次刈割产量和品质均优于多次刈割。如果必须进行二次刈割，则刈割应该在拔节期前完成，否则第二茬草不能长出，影响全年草产量，且多次刈割只能采用人工刈割，避免机械碾压，因此仅适合小规模种养结合生产模式；如果刈割一次，可选择在灌浆期或抽穗期进行，此时饲用小黑麦茎叶繁茂（图 4-7），产草量较高，亩产鲜草 3 500 千克左右。

图 4-7　饲用小黑麦茎叶繁茂

2.青干草　抽穗期（图 4-8）到开花期的饲用小黑麦叶量占地上部生物量的 40% ～ 50%，此时刈割产草量最高，而灌浆期刈割可使饲草粗蛋白质含量更高，种植户可根据需要选择适当刈割期，在连续 5 天左右晴天时开始收获。齐地刈割后的饲用小黑麦在田间晾晒 2 ～ 3 天，晾晒期间每天傍晚或翌日清晨翻晒 1 次，当含水量降至 20% ～ 25% 时打捆，贮存备用，贮存期间注意通风使其含水量逐步降低至

图 4-8　抽穗期

17% 左右。饲用小黑麦青干草蛋白质含量可达 10% 以上，是牛、羊的优质粗饲料。

3. 青贮　扬花期（图 4-9）至乳熟期（图 4-10）收获，青贮品质最高，饲用小黑麦刈割后在田间晾晒至含水量 70% ～ 75% 时，切成 2 ～ 3 厘米草段，压入青贮池内青贮，也可以添加甲酸或青贮发酵剂以提高发酵品质，40 天后即可开窖饲喂家畜，青贮适口性好，能量高，营养丰富，各种家畜均喜食。

图 4-9　扬花期

图 4-10　乳熟期

4. 草粉 饲用小黑麦制作优质草粉，可在 40 厘米左右收获，通过快速高温干燥加工成草粉，其粗蛋白质含量高达 27%，胡萝卜素含量高达 218 毫克 / 千克，粗纤维 12%。也可以在分蘖后至抽穗前期一次收获，此时植株粗蛋白质含量可达24%，并富含多种维生素和矿物质营养，此时刈割可加工成优质草粉，作为安全可靠的植物蛋白质饲料添加在牛、羊等反刍动物日粮中。

5. 籽粒 饲用小黑麦生产以收获籽粒为目的时，生育期内不可青刈，直至成熟期（图 4-11），进行一次刈割，收获籽实后，秸秆粗蛋白质含量在 4% 以上，粗脂肪在 2% 左右，粗纤维在 33% 左右，可做秸秆黄贮。

图 4-11　成熟期

（五）利用

饲用小黑麦粗蛋白质和可消化纤维含量高，适口性好，消化率高，可制作干草、青贮及籽实饲料，能够有效缓解冬春粗饲料不足的问题，是家畜的优质饲草来源。研究表明，饲用小黑麦青干草饲喂奶牛，可明显提高产奶量；饲用小黑麦青干草饲喂肉牛也可显著提高日增重。

1. 奶牛 在河南省可采用本地产饲用小黑麦青干草饲喂奶牛，提高产奶量和乳脂率。饲喂方法为，饲用小黑麦干草 2 ~ 4 千克，切成 2 ~ 4 厘米后与精料补充料和青贮料用 TMR 搅拌机混合均匀投料。围产期奶牛可添加 5 千克小黑麦干草替代进口燕麦，每天可节饲料成本 3.5 元左右。2 月龄犊牛每日可添加饲用小黑麦干草 1 千克左右；青年牛应逐渐加大饲用小黑麦干草用量，尤其是 12 月龄至 15 月龄，建议日粮中干物质饲喂量应达其体重的 4%。

2. 肉牛 饲用小黑麦是肉牛的优质粗饲料，饲用小黑麦可饲喂 6 月龄以上犊牛，添加量应根据体况和采食量缓慢增加，以青绿饲料为主时，精粗饲料比一般为 55：45，以干草为主时，精粗饲料比一般为 60：40，能够提高采食量和日增重；育肥牛可用饲用小黑麦青干草，在育肥前期日粮中粗饲料应占 55%～65%，育肥中期应占 45%，育肥后期应占 15%～25%，饲用小黑麦干草可替代羊草和燕麦，提高肉牛日增重，改善牛肉品质。

3. 肉羊 饲用小黑麦干草和青贮小黑麦干草在肉羊日粮中的适宜添加量为 25%，可提高采食量和日增重。

五、菊苣标准化生产技术

（一）植物学特征与生长发育特性

1. 植物学特征　菊苣，菊科菊苣属，多年生草本植物。直根系，主根肥大，肉质根粗壮呈圆锥形。莲座叶丛型，叶簇生，长条形，叶片互生，基生叶莲座状长而宽，叶质脆嫩，折断有白色乳汁；主茎直立，多分枝，分枝偏斜，茎中空。头状花序单生于茎和分枝的顶端，或 2 ~ 3 个簇生于中上部叶腋，开蓝紫色花，舌状花冠，边开花边结籽；种子细小，瘦果楔形，米黄色或黑褐色，有光泽，顶端截平，千粒重0.96 ~ 1.3 克。

2. 生长发育特性　菊苣喜温暖湿润气候，温度达 5℃时，能正常生长发育，种子发芽适宜温度在 15℃左右，温度在 15 ~ 25℃时生长极迅速；抗寒能力强，在 -8℃时，叶片仍呈深绿色；同时耐热，在夏季高温季节，只要水肥供应充足，仍有很强再生能力；抗干旱，较耐盐，喜肥水，但不耐涝；氮肥对其最为敏感，要保持高产，每茬刈割利用后都需要适当施肥灌溉，否则容易抽薹进入生殖生长，降低菊苣产量和品质。菊苣春季返青早，冬季休眠期短，利用期长达 8 ~ 9 个月，且一次播种在不收种的情况下可连续利用 10 年以上；菊苣因其叶片含咖啡酸等生物碱，表现出抗虫害性强的特点，除在低畦地容易烂根外，整个生育期无病虫害。8 ~ 9 月播种，1周左右出苗，当年及可利用，5 ~ 6 月开花，6 ~ 7 月种子成熟。菊苣的营养价值高，以黔育 1 号为例其营养成分含量见表 5-1。莲坐期粗蛋白质含量在 25% 以上，初花期粗蛋白质含量为 14.73%。

表5-1 菊苣的营养成分含量

品种	粗蛋白质	粗脂肪	粗纤维	粗灰分	无氮浸出物	钙	磷
黔育1号	25.48%	3.17%	14.32%	10.28%	40.30%	1.70%	0.410%

（二）种植地选择

1.选地 菊苣对生长的土壤没有十分严格的要求，但怕积水，在荒地、大草原、坡地均能生长，尤以肥沃的沙质土壤种植生长最为良好。菊苣生长期对水分和肥料条件要求较高，需要有充足的水分和肥料供应，但生长期忌田间积水，因此低洼地、水稻田一般不宜种植，最适宜选择向阳不积水的阳坡面种植。

2.整地 菊苣根系发达，播种前必须深翻，翻耕深度20～25厘米，施足基肥，施腐熟有机肥2 500～3 000千克/亩或复合肥8～10千克/亩，同时用灭生型除草剂进行除草，10天后再进行耕地，由于种子细小，播种前要求精细整地，确保畦面平整、土壤疏松，可按2米宽开厢，同时挖好排水沟。

3.播种 气温5℃以上均可播种。

1）品种选择 将军：大叶高产品种，在全国大部分地区都有种植。黔育1号：高产、抗旱、耐刈割品种，在贵州省大面积种植。

2）种子处理 种子无须处理或者用1 000毫克/千克的农用链霉素液浸种20分灭菌，种子阴干后播种。

3）播种方法

（1）播期 可春播（2月下旬至4月上旬）或秋播（8月下旬至11月中旬），以秋播为最佳。

（2）播种量 种子直播播种量为0.3千克/亩，育苗移栽播种量为0.15千克/亩。播种深度为1～2厘米。

（3）行距 因菊苣种子细小，播种前应将种子与细泥土充分拌匀后，进行条播，行距30～40厘米；也可穴播，穴距20厘米，行距30厘米，待幼苗长到10厘米左右时去小苗、劣苗，每穴留壮苗2株，追施速效肥1次；也可育苗移栽，将种子均匀撒于苗床上，浇透水，遇气温低时覆盖塑料薄膜，保持土壤湿润，待幼苗长出6叶左右时，按株距10～20厘米，行距30～50米进行移栽，栽后及时浇定根水。

（三）田间管理

1. 施肥 出苗后半个月至 1 个月，移栽定苗后及时施氮肥 5 千克／亩，早春返青前和每次刈割后追施氮肥 7 千克／亩，越冬前施复合肥 12 千克／亩，有利于翌年返青生长。

2. 灌溉 菊苣播种后 1 周内如不下雨，应及时浇水，一般 7 天左右出苗，待幼苗出齐后及时浇水并结合施肥，以促进幼苗快速生长。每次刈割后及时浇水并结合施氮肥，保证菊苣快速再生，如遇干旱待续时间过长，要及时浇水以保苗保产。

3. 有害生物防治

1）除草 在播种前每亩用 20% 草铵膦 150~200 毫升对水 20 千克进行喷洒，待 10 天后再进行耕地播种，可有效控制菊苣苗期杂草。菊苣苗期生长缓慢，应人工除杂草 1 ~ 2 次，返青前和每次刈割后应中耕松土除草，以利于快速再生。

2）防虫 菊苣的抗虫力很强，偶见地老虎危害幼苗，亩用 2.5% 敌百虫粉剂 1.5 千克与 22 千克细土拌匀，撒于行间，也可用 50% 敌敌畏乳液 1 000 倍液喷雾。蝗虫和黏虫可用浓度为 0.25% 噁虫威可湿性粉剂 1 000 倍液喷雾。

3）防病 在播种前，用种子重量 0.5% 的 50% 多菌灵可湿性粉剂或种子重量 0.3% 的 70% 甲基硫菌灵可湿性粉剂拌种以防根腐病的发生。菊苣的抗病性较强，大田生产中较少发生病害，但在低洼易涝的地方，土壤排水不畅，透气性差，根系呼吸困难，极易引起烂根，应及时将发病植株挖除带离田间，加生石灰深埋处理。同时用 50% 多菌灵可湿性粉剂 500 倍液或 80% 代森锌可湿性粉剂 500 倍液喷雾。

（四）收获

菊苣在株高 40 厘米左右时可刈割，留茬 5 厘米，及时刈割可抑制或避免抽薹开花，但应避开下雨天收获，防止刈割后伤口感染。一般 30 天左右刈割 1 次，冬季最后一次刈割时留茬高度比平时要高一点，利于越冬。菊苣收获期长，3 月即可收获鲜草，可收获 8 ~ 9 次，鲜草产量达 7 500 千克／亩以上。菊苣放牧草地应进行划区轮牧，以便草地有生长恢复期，在菊苣高 20 ~ 30 厘米时，可进行放牧。

（五）利用

菊苣叶质柔嫩多汁，营养价值高，适口性极好，牛、羊、猪等动物均喜采食，采食后有预防腹泻、肠炎的功效。

菊苣在抽薹前适宜饲喂猪，菊苣刈割收获后切碎成 1 ～ 2 厘米，拌入基础饲粮中，日喂 3 次。或者菊苣叶片不需切碎，直接投喂，猪采食后，食欲增加，发病率低。种植 1 亩菊苣能提供 20 头商品育肥猪的青饲料。每头育肥猪节约精饲料 50 ～ 60 千克。用菊苣饲喂商品育肥猪，采食量明显增加，猪大便通畅疏松，而且极大地减少了育肥猪消化系统疾病的发生，由于菊苣富含多种维生素，可有效地促进猪的生长。研究表明：使用鲜菊苣 10% 替代基础饲粮饲喂育肥猪，可以提高瘦肉率，提高肌肉粗蛋白质含量，提高肌内脂肪含量，提高肌肉肌苷酸含量，降低背膘厚，降低肌肉滴水损失，增加猪肉风味。

菊苣在抽薹前也适宜饲喂鸡、鸭、鹅、鱼。菊苣的适口性好，消化率高，营养丰富。可对菊苣草地放牧喂养，或用舍饲方法，在饲料中添加菊苣，均能达到很好地增加体重，节省饲料，实现增收的目的。研究表明：在饲料中添加菊苣，鸡的增重效果好，建议农户改用优质牧草菊苣替代白菜作为青料添加到鸡日粮中，是实现农民增收的有效手段。种植菊苣饲喂肉鹅，不仅可节省大量的精饲料，还可改善肉质与鹅绒质量。

菊苣在抽薹前喂兔，在没有露水的情况下刈割，将新鲜优质菊苣铡细喂，或者拴系于兔栏上让其自由采食，兔采食后，兔毛品质好，饮水减少，并具有止泻作用。研究表明：在肉兔的青粗饲料中喂 1/2 菊苣比全喂杂草增重效果明显，加入 1/3 菊苣比加入 1/2 增重还要明显。在供给精料的情况下每亩菊苣可饲养兔 50 只。

菊苣现蕾至开花期是牛、羊的良好饲料。在盛花期前后刈割后晾晒至半凋萎，单独或与其他牧草混合青贮，可作为奶牛冬季的良好青贮料。菊苣可鲜喂、晒制干草和制成干草粉，是牛、羊等动物的良好饲料。研究表明：用菊苣草饲喂奶牛，不论是鲜草还是干草粉，均能使奶牛产奶量有所提高。

菊苣叶片呈深绿色，花蕾呈紫蓝色，且花期长达 3 个月之久，花质相对较好，大面积种植菊苣，在开花期可为发展养蜂业提供优良的蜜源。再加上菊苣的根部较为发达，生命力十分的顽强，且一年四季都保持绿色，生长十分茂盛，在花期的时候十分的美丽，有很多的风景区将其作为绿化植物，有着很高的观赏价值。

菊苣营养价值高，不仅有很好的饲用价值，还有食用和药用价值。菊苣的地上部分和根可供药用，具有调血脂和降尿酸的功能，并可明显改善由高嘌呤饮食引发的高尿酸血症及腹型肥胖。菊苣根茶适合痛风、高血压、高血糖、高血脂患者；脾胃功能差、消化不良、肝肾功能不好者；体内湿热较重者的保健佳品，特别对痛风患者，能帮助其降尿酸。

六、牧草干草调制的标准化生产技术

（一）牧草干草调制技术

干草调制是保存青饲料的一种最常用方法，是把天然草地或人工种植的牧草和饲料作物进行适时刈割、晾晒和贮藏的过程。刚刚刈割的青绿牧草称为鲜草，鲜草的含水量在 50% ~ 85%，鲜草经过一定时间的晾晒或人工干燥，水分达到 15% ~ 18% 时，称之为干草。干草在干燥后仍保持一定的青绿颜色，因此也称青干草。

正常生长的牧草含水量为 80% 左右，青干草达到能贮藏时的含水量则为 15% ~ 18%，最多不得超过 20%，而干草粉含水量为 13% ~ 15%。为了获得这种含水量的青干草或干草粉，必须将植物体内的水分快速散失。刈割后的牧草散发水分过程大致分为两个阶段：

第一阶段：也称凋萎期。此时植物体内水分向外迅速散发，良好天气经 5 ~ 8 小时，禾本科牧草含水量减少到 50%，豆科牧草减少到 55%。这一阶段从牧草植物体内散发的是游离于细胞间隙的自由水，散失水的速度主要取决于大气含水量和空气流速，所以干燥、晴朗有微风的条件，能促使水分快速散失。

第二阶段：是植物细胞酶解作用为主的过程。这个阶段植物体内的水分散失速度较慢，这是由于水分的散失由第一阶段的蒸腾作用为主，转为以角质层蒸发为主，而角质层有蜡质，阻挡了水分的散失。使牧草含水量由 55% 降到 20%，需 1 ~ 2 天。

为了使第二阶段水分快速散失，可采取勤翻晒的方法。不同植物保水能力不相同，豆科牧草比禾本科牧草保水能力强，干燥速度比禾本科慢，这是由于豆科牧草含碳水化合物少，蛋白质多，影响了它的蓄水能力的缘故。另外，幼嫩的植物纤维素含量低，而蛋白质多，保水能力强，不易干燥；相对枯黄的植物则相反，易干燥。同一植物不同器官，水分散失也不相同，叶片的表面积大，气孔多，水分散失快，而茎秆水分散失慢，因此，在干燥过程中要采取合理的干燥方法，尽量使植物各个部位均匀干燥。

牧草刈割之后，伴随着植物体内水分的散失，先后要经过牧草凋萎期和牧草干燥后期两个过程，牧草干燥过程中养分变化见表6-1。

表6-1　牧草干燥过程中养分变化

阶段		牧草凋萎期	牧草干燥后期
特点		1. 在活细胞中进行 2. 以异化作用为主导的生理	1. 在死细胞中进行 2. 在酶参与下以分解为主导的生化过程
养分变化	糖	1. 呼吸作用消耗单糖，使糖降低 2. 将淀粉转化为双糖、单糖	1. 单双糖在酶的作用下变化很大，其损失随水分减少，酶活动减弱而减少 2. 大分子的碳水化合物（淀粉、纤维素）几乎不变
	蛋白质	1. 部分蛋白质转化为水溶性氮化物 2. 在降低少量酪氨酸、精氨酸的情况下，增加赖氨酸和色氨酸的含量	1. 短期干燥时不发生显著变化 2. 长期干燥时，酶活性加剧使氨基酸分解为有机酸进而形成氨，尤其当水分高时（50%~55%）拖延干燥时间，蛋白质损失很大
	胡萝卜素	1. 初期损失极小 2. 在细胞死亡时大量破坏，损失量占总量的50%	1. 牧草干燥后损失逐渐减少 2. 干草被雨淋氨化加强，损失增大 3. 干草发热时含量下降

青饲料调制成干草后，除维生素D有所增加外，其他营养物质均有不同程度的损失，但仍是优质的粗饲料来源。干草的特点是营养性好、容易消化、成本比较低、操作简便易行、便于大量贮存。在草食家畜的日粮组成中，干草起到的作用越来越被畜牧业生产者所重视，它是秸秆、农副产品等粗饲料很难替代的草食家畜饲料。新鲜牧草只限于夏秋季节应用，制成干草可以一年四季都应用，因此，制成干草有利于缓解草料在一年四季中供应的不均衡的矛盾，干草也是制作草粉、草颗粒和草块等其他草产品的原料。制作干草的方法和所需设备可因地制宜，既可利用太阳能自然晒制，也可采用大型的专用设备进行人工干燥调制，调制技术比较容易掌握，制作后使用方便，是目前常用的牧草加工保存的有效方法。

调制优质青干草，刈割期是前提，干燥速度是关键，合理收贮是保证。一般豆科牧草的刈割期在现蕾至初花期，这时茎叶的纤维素含量低，生物产量和营养成分俱佳。禾本科牧草的刈割期是抽穗至初花期，同时，刈割前还要掌握气候变化，保证刈后能避开雨季，正常晾晒。晒制过程中如遇阴雨，可造成可溶性营养物质的大量损失。据试验，雨水淋洗可分别使 40% 可消化蛋白质和 50% 热能受损。若阴雨连绵加上霉烂，营养物质损失甚至可达一半以上。苕子晒干过程中遇雨淋后的养分变化见表 6-2。

表6-2　苕子晒干过程中遇雨淋后的养分变化（%）

处理	颜色	水分	粗蛋白质	粗脂肪	粗纤维	无氮浸出物	灰分
淋过一次雨	黄褐	13.40	15.99	1.19	35.11	29.54	5.03
未淋过雨	青绿	13.52	22.45	1.91	27.93	27.34	6.85

1. 牧草的刈割

1）适时刈割　牧草的刈割是牧草生产的一个重要环节，选择适宜的刈割时间，既不影响牧草的生长发育，又可获得高产优质的牧草。牧草在其生长发育过程中，产量和质量均发生着不断地变化。牧草生长早期，蛋白质含量丰富，纤维素含量较少，营养价值高，但单位面积产量低；生长后期，单位面积产量提高，但蛋白质、必需氨基酸和胡萝卜素含量显著下降，纤维素含量增加，牧草营养价值降低。确定牧草的刈割时间，必须兼顾产量与质量两个方面。

适时刈割的牧草可以青饲，也可以晒制成干草和青贮，以备冬春牧草缺乏时利用。牧草在不同的生育时期产量不同，其质量也有很大差异，适时刈割要兼顾草产品的质量、产量以及牧草的再生长。

刈害虫的时间以单位面积内营养物质的产量最高时期或以单位面积的总消化养分最高时期为标准；有利于牧草的再生、安全越冬和返青，并对翌年的产量和寿命无影响；根据不同的利用目的来确定。

（1）豆科牧草的最适刈割期　豆科牧草富含蛋白质、维生素和矿物质，而不同生育期的营养成分变化比禾本科牧草更为明显。例如，开花期刈割比孕蕾期刈割粗蛋白质含量减少 1/3 ～ 1/2，胡萝卜素含量减少 1/2 ～ 5/6。豆科牧草生长发育过程中，所含必需氨基酸从孕蕾始期到盛花期几乎无变化，而后逐渐降低，衰老后，赖氨酸、蛋氨酸、精氨酸和色氨酸等含量减少 1/3 ～ 1/2。豆科牧草叶片中的蛋白质含量较茎为多，占整个植株蛋白质含量的 60% ～ 80%，直接影响到豆科牧草的营养价值。豆科牧草的茎叶比随生育期而变化，在现蕾期叶片重量要比茎秆重量大，而至终花期则相反。因此收获越晚，叶片损失越多，品质就越差，从而避免叶量损失也就成了晒制干草过程中需注意的头等问题。

早春刈割幼嫩的豆科牧草对其生长是有害的，会大幅度降低当年的产草量，并降低翌年苜蓿的返青率。这是由于根中碳水化合物含量低，同时根冠和根部在越冬过程中受损伤且不能得到很好的恢复所造成的。另外，北方地区豆科牧草最后一次的刈割需在早霜来临前一个月进行，以保证越冬前其根部能积累足够的养分，保证安全越冬和翌年返青。综上所述，从豆科牧草产量，营养价值和有利于再生等情况综合考虑，豆科牧草的最适刈割期应为现蕾盛期至始花期。

（2）禾本科牧草的最适刈割期 禾本科牧草在拔节至抽穗以前，叶多茎少，纤维素含量较低，质地柔软，粗蛋白质含量较高，但到后期茎叶比显著增大，粗蛋白质含量减少，纤维素含量增加，消化率降低。对多年生禾本科牧草而言，总的趋势是粗蛋白质、粗灰分的含量在抽穗前期较高，开花期开始下降，成熟期最低；而粗纤维的含量，从抽穗至成熟期逐渐增加。从产草量上看，一般产量高峰出现在抽穗期—开花期，也就是说禾本科牧草在开花期内产量最高，而在孕穗—抽穗期饲料价值最高。根据多年生禾本科牧草的营养动态，同时兼顾产量、再生性以及下一年的生产力等因素，大多数多年生禾本科牧草在用于调制干草或青贮时，应在抽穗—开花期刈割。秋季在停止生产前30天刈割。

（3）饲料作物的收获期 禾本科一年生饲料作物，多为一次性收获。如果有两次或多次刈割，一般根据草层高度来确定，即50厘米左右时就可刈割。专用青贮玉米即带穗全株青贮玉米，最适宜刈割期应该是在乳熟末期至蜡熟中期。粮饲兼用玉米，多选用在籽粒成熟时其茎秆和叶片大部分仍然呈绿色的玉米品种，在蜡熟末期采摘果穗后，及时抢收茎秆进行青贮或青饲。

2）牧草的刈割高度 牧草的刈割高度不仅会直接影响到牧草的产量和品质，还会影响翌年牧草的再生速度和返青率。一般来说，对一年只刈割1茬的多年生牧草来说，刈割高度可适当低些。实践证明，刈割高度为4～5厘米时，当年可获得较高产量，且不会影响越冬和翌年再生草的生长；而对一年刈割2茬以上的多年生牧草来说，每次的刈割高度都应适当高些，宜保持在6～8厘米，以保证再生草的生长和越冬。对于大面积牧草生产基地，一定要控制好每次刈割时的留茬高度，如果留茬过高，枯死的茬枝会混入牧草中，严重影响牧草的品质，降低牧草的等级，直接影响到牧草生产的经济效益。在气候恶劣，风沙较大或地势不平，伴有石块和鼠丘的地区，牧草的刈割高度可提高到10厘米，以有效保持水土，防止沙化。

3）刈割方法

（1）人工收获　常见的人工割草工具是钐刀，是一种刀片宽达 10 ~ 15 厘米，柄长 2.0 ~ 2.5 米的大镰刀，它是靠人的腰部力量和臂力抡动钐刀，达到割草的目的，并可直接集成草垄。适用于小面积割草场或者地势不平的草场使用。一个熟练的劳动力每人每天可割草 0.5 ~ 0.7 公顷。

（2）机械收获　常用的机械有割草机、牧草压扁机和刈割压扁机。

①割草机是牧草收获机械化的起点，在牧草生产机械化中占有重要位置。割草机一般都应满足以下要求：一是割幅要合适，拖拉机行走轮或割草机地轮在作业过程中不压草；二是传动部件有足够的离地间隙或防护措施，以防堵塞和缠绕；三是对地面仿形性好，割茬高度适宜，以便尽可能提高收获量；四是挂接迅速，操作方便，安全装置齐全。

割草机按动力分为畜力割草机和动力割草机。动力割草机又分为牵引式、悬挂式、半悬挂式和自走式，如往复式割草机、圆盘式割草机、甩刀式割草机。

②牧草压扁机的功能就是能将牧草茎秆压裂，破坏茎的角质层以及维管束，并使之暴露于空气中，使茎内水分散失的速度大大加快，基本能跟上叶片的干燥速度。这样既缩短了干燥期，又使牧草各部分干燥均匀。

目前，国内外常用的茎秆压扁机有两类，即圆筒型和波齿型。圆筒型压扁机装有捡拾装置，压扁机将草茎纵向压裂；波齿型压扁机有一定间隔将草茎压裂。

③刈割压扁机收获的紫花苜蓿水分散失速率为 1.92%/ 时，达到适时打捆的安全水分时粗蛋白质含量可保持在 21.85%，而刈割非压扁收获的对照组紫花苜蓿水分散失速率则为 1.03%/ 时，达到适时打捆的安全水分时，粗蛋白质含量下降为 18.37%。刈割压扁收获紫花苜蓿干燥时间由 2~3 天减少到 30 小时，粗蛋白质含量损失减少 3%。

2. 牧草的干燥　牧草的干燥方法主要有天然干燥法、人工干燥法和物理化学干燥等。天然干燥法又分地面干燥法、草架干燥法和发酵干燥法。

1）天然干燥法

（1）地面干燥法　将刈割后的牧草在原地或运到地势较干燥的地方进行晾晒。通常刈割的牧草需干燥 4 ~ 6 小时，使其含水量降到 40% ~ 50%，然后用搂草机搂成草条继续晾晒，使其含水量降到 35% ~ 40%，这时牧草的呼吸作用基本停止，然后用集草机将草集成草堆，保持草堆的松散通风，直至牧草完全干燥。牧草在草堆中干燥，不仅可以防止雨淋和露水打湿，而且可以减少日光的光化学作用造成的营养物质损失，增加干草的绿色及芳香气味。试验证明，搂草作业时，侧向搂草机的干燥效果优于横向搂草机。

（2）草架干燥法　在凉棚、仓库等地搭建若干草架，将收获的牧草一层一层放置于草架上，直至牧草晾干。由于草架中部是空的，空气便于流通，有利于牧草水分散失，可大大提高牧草的干燥速度，减少营养物质的损失。该方法适合于空气干燥的地区。

（3）发酵干燥法　发酵干燥法是介于调制青干草和青贮料之间的一种特殊干燥法。将含水量约为50%的牧草经分层夯实、压紧、堆积，每层可撒上牧草重量0.5%～1%的食盐，防止发酵过度，使牧草本身细胞的呼吸热和细菌、霉菌活动产生的发酵热在牧草堆中积蓄，草堆温度可上升到70～80℃，借助通风手段将牧草中的水分蒸发使之干燥。这种方法牧草的养分损失较多，多属于阴雨天等无法一下完成青干草调制时不得不使用的方法。

2）人工干燥法　人为控制牧草的干燥过程，主要是加速刈割牧草水分的蒸发过程，能迅速将刚刈割牧草的含水量降到40%以下，可以使牧草的营养损失降到最低，获得高质量的干草。

（1）吹风干燥法　利用电风扇、吹风机对草堆或草垛进行不加温的干燥，这种常温鼓风干燥适合用于牧草收获时期的昼夜空气相对湿度低于75%，而温度高于15℃的地方使用。如在特别潮湿的地方，鼓风机中的空气可适当加热，以提高干燥的速度。

（2）低温干燥法　将刚刈割的牧草置于较密闭的干燥间内，垛成草垛或搁置于漏缝草架上，从底部吹入50℃左右的干热空气，上部用排风扇吸出潮湿的空气，经过一定时间后，即可调制成青干草。此法适合于多雨潮湿的地区或季节。

（3）高温干燥法　是将鲜草切短，通过高温气流，使牧草迅速干燥。干燥时间的长短，决定于烘干机的型号，从几小时到几分，甚至数秒，牧草的含水量从80%下降到15%以下。接着将干草粉碎制成干草粉或经粉碎压制成颗粒饲料。有的烘干机入口温度为75～260℃，出口温度为25～160℃，也有的入口温度420～1 160℃，出口温度60～260℃。虽然烘干机中热空气的温度很高，但牧草的温度很少超过35℃。人工干燥法使牧草的养分损失很少，但是烘烤过程中，其中的粗蛋白质和氨基酸受到一定的破坏，而且高温可破坏青草中的维生素C，胡萝卜素的破坏不超过 10%。

3）物理化学干燥

（1）压裂草茎干燥法　整株牧草干燥所需要的时间与牧草茎秆的水分蒸发有直接关系，因为叶片干燥的速度快，牧草干燥时间的长短，实际上取决于茎干燥时间的长短，如豆科牧草及一些杂类草当叶片含水量降低到 20% 时，茎的含水量为 35% ~ 40%，所以加快茎的干燥速度，就能加快牧草的整个干燥过程。使用牧草压扁机将牧草茎秆压裂，破坏茎的角质层以及维管束，并使之暴露于空气中，茎内水分散失的速度就可大大加快，基本能跟上叶片的干燥速度。这样既缩短了干燥期，又使牧草各部分干燥均匀。许多试验证明，好的天气条件下，如牧草茎秆压裂，干燥时间可缩短 1/3 ~ 1/2。压裂茎秆干燥需要的时间比不压裂茎秆的时间缩短 30% ~ 50%，因为此法减少了牧草的呼吸作用、光化学作用和酶的活动时间，从而减少了牧草的营养损失，但由于压扁茎秆使细胞壁破裂而导致细胞液渗出，其营养也有损失。采用机械方法压扁茎秆对初次刈割的苜蓿的干燥速度影响较大，而对于以后几次刈割苜蓿的干燥速度影响不大。

（2）豆科牧草与作物秸秆分层压扁法（秸秆碾青法）　秸秆碾青法是指在豆科适时刈割，先把麦秸或稻草铺成平面，厚约 10 厘米，中间铺鲜苜蓿 10 厘米，上面再加一层麦秸或稻草。然后用轻型拖拉机或其他镇压器进行碾压，到苜蓿草的绝大部分水分被麦秸或稻草吸收为止。最后晾晒风干、堆垛，垛顶抹泥防雨。此法调制的苜蓿干草呈绿色，品质好，同时还提高了麦秸和稻草的营养价值。秸秆碾青法适于小面积高产豆科牧草的调制。

（3）化学添加剂干燥法　将一些化学物质添加或者喷洒到牧草（主要是豆科牧草）上，经过一定的化学反应使牧草表皮的角质层破坏，以加快牧草株体内的水分蒸发，加速干燥的速度。这种方法不仅可以减少牧草干燥过程中叶片损失，而且能够提高干草营养物质消化率。

在生产实践中，可以根据具体情况确定采用哪种方法，一般讲来，压裂草茎干燥法需要的一次性投资较大，而化学添加剂干燥法则可根据天气情况灵活运用。也可以两种方法同时采用。近年来，国内外研究对刈割后的苜蓿喷撒 K_2CO_3 溶液和长链脂肪酸酯，破坏植物体表的蜡质层结构，使干燥加快。

3. 调制干草的辅助措施　制成干草的过程中一些辅助措施有助于干草的形成，通常对干草场地晒制可以进行 3 个阶段的处理：

1）前期 对豆科类牧草在刈割前，最好用干燥剂处理一下，这种方法适宜于人工干燥。处理时选择合适的干燥剂，按要求配制成溶液喷洒到牧草上。试验证明，干燥剂有助于缩短新鲜牧草调制成干草的时间，降低营养物质损失。但对于禾本科牧草，干燥剂效果不是很明显，在生产实践中谨慎使用。

2）中期 根据场地条件，对刚刈割牧草采取压扁、切短等措施，主要的目的是加快牧草的干燥速度。

3）干燥晒制期 为了使植物细胞迅速死亡，停止呼吸，减少营养物质的损失，一般选晴朗的天气，将刚刈割的牧草在原地或附近干燥地平铺成又薄又长的条形暴晒4～5小时，使鲜草中的含水量由原来的75%以上降低到40%左右，完成晒干的第一阶段目标。随后继续干燥使牧草含水量由40%降低到17%，最终完成干燥过程，然后改变晾晒的方式，因为如果此时仍采用平铺暴晒法，不仅会因阳光照射过久使胡萝卜素大量损失，而且一旦遭到雨淋后养分损失会更多。因此，当含水量降到40%左右时，应利用晚间或早晨的时间进行一次翻晒，这时田间空气温度相对较大，进行翻晒时可以减少苜蓿叶片的脱落，同时将两行草垄并成一行，或将平铺地面半干的青草堆成小堆，堆高约1米，直径1.5米，重约50千克，继续晾晒4～5天，等全干后收贮。

（二）干草贮存

调制好的干草应及时妥善收藏保存，收藏方法可因具体情况和需要而定，但不论采用什么方法贮藏，都应尽量缩小与空气的接触面，减少日晒雨淋等影响。干草的贮藏方法有以下几种：

1. 散青干草贮藏

1）露天堆垛 这是一种较经济、较省事的贮存青干草的方法。选择离动物圈舍较近，地势平坦、干燥、易排水的地方，做成高出地面的平台，台上铺上约30厘米厚树枝、石块或作物秸秆，作为防潮底垫，四周挖好排水沟，堆成圆形或长方形草堆。长方形草堆，一般高6～10米，宽4～5米；圆形草堆，底部直径3～4米，高5～6米。堆垛时，第一层先从外向里堆，使里边的一排压住外面的梢部。如此逐排向内堆排，成为外部稍低中间隆起的弧形。每层30～60厘米厚，直至堆成封顶。封顶用绳子横竖交错系紧。堆垛时应尽量压紧，加大密度，缩小与外界环境的接触面，垛顶用薄膜封顶，防止日晒漏雨。处理不好牧草会发生自动燃烧现象，为了防止这种现象发生，上垛的干草含水量一定要在15%以下。堆大垛时，为了避免垛中产生的热量难以散发，堆垛时，应每隔50～60厘米垫放一层硬秸秆或树枝，以便于散热。

2）草棚堆藏　在气候湿润或条件较好的牧场应建造简易的干草棚或青干草专用贮存仓库，避免日晒、雨淋。堆草方法与露天堆垛基本相同，要注意干草与地面、棚顶保持一定距离，便于通风散热。

2.压捆青干草贮藏　散干草体积大，贮运不方便，为了便于贮运，损失减至最低限度并保持干草的优良品质，生产中常把青干草压缩成长方形或圆形的草捆，然后一层一层地叠放贮藏。草捆垛的大小，可根据贮存场地加以确定，一般长20米，宽5米，高18～20层干草捆，每层应设有通风道，其数目根据青干草含水量与草捆垛的大小而定。

3.刈割的牧草先制成半干草而后再贮藏　在实际中应按以下方法来操作。

牧草适时刈割后，在田间经短期晾晒，当含水量降到40%时，植物的细胞停止活动，此时应打捆，并逐捆注入浓度为25%的氨水，然后堆垛用塑料膜覆盖密封。氨水的用量是青干草重量的1%～3%，一般在25℃左右时，堆垛用塑料膜覆盖密封处理21天以上。用氨水处理半干豆科牧草，可减少营养物质的损失。与通风干燥相比，牧草的粗蛋白质含量提高8%～10%，胡萝卜素提高30%，干草的消化率提高10%左右。

有机酸能有效地防止含水量高于30%的青干草发霉变质，并可减少贮存过程中的营养损失。当豆科干草含水量为20%～25%时，可用0.5%的丙酸，用量为青干草重量的1%~3%；含水量为25%～30%时，用1%的丙酸，用量为青干草重量的1%~3%喷洒效果较好。

青干草在贮存时应注意控制含水量在17%以下，并注意通风和防雨。这是由于青干草仍含有较高的水分，发生在青干草调制过程中的各种生理变化并未完全停止。如果不注意通风，周围环境湿度大或漏雨，致使干草水分升高，引起酶和微生物共同作用会导致青干草内温度升高，当温度达72℃以上时，会引起青干草自燃。因此应特别注意青干草含水量的问题。

4.半干草的贮藏　在湿润地区、雨季或调制叶片易脱落的豆科牧草时，为了适时刈割牧草加工优质干草，可在半干时进行贮藏。这样可缩短牧草的干燥期，避免低含水量牧草在打捆时叶片脱落。在半干牧草贮藏时要加入防腐剂，以抑制微生物的繁殖，预防牧草发霉变质。贮藏半干草选用的防腐剂应对家畜无毒，具有轻微的挥发性，且在干草中分布均匀。

1）**氨水处理** 氨和氨类化合物能减少高水分干草贮藏过程中的微生物活动。氨已被成功地用于高含水量干草的贮藏过程。牧草适时刈割后，在田间短期晾晒，当含水量为 35% ~ 40% 时即可打捆，并加入 25% 的氨水，然后堆垛用塑料膜覆盖密封。氨水用量是干草重的 1% ~ 3%，处理时间根据温度不同而异，一般在 25℃ 时，至少处理 21 天，氨具有较强的杀菌作用和挥发性，对半干草的防腐效果较好。用氨水处理半干豆科牧草后，可减少营养物质损失，与通风干燥相比，粗蛋白质含量提高 8% ~ 10%，胡萝卜素提高 30%，干草的消化率提高 10%。用 3% 的无水氨处理含水量 40% 的多年生黑麦草，贮藏 20 周后其体外消化率为 65.1%，而未处理者为 56.1%。

2）**尿素处理** 尿素通过脲酶作用在半干草贮藏过程中提供氨，其操作要比氨容易得多。高水分干草上存在足够的脲酶，使尿素迅速分解为氨。添加尿素与对照（无任何添加）相比草捆中减少了一半真菌，降低了草捆的温度，提高了牧草的适口性和消化率。禾本科牧草中添加尿素，贮藏 8 周后，与对照相比，消化率从 49.5% 上升到 58.3%，贮藏 16 周后干物质损失率减少 6.6%，用尿素处理高含水量紫花苜蓿（25% ~ 30%）干草，4 个月后无霉菌发生，草捆温度降低，消化率均较对照要高，木质素、纤维素含量均较对照要低。用尿素处理紫花苜蓿时，尿素使用量是 40 千克 / 吨紫花苜蓿干草。

3）**有机酸处理** 有机酸能有效防止高含水量牧草的发霉和变质，并减少贮藏过程中营养物质的损失。丙酸、乙酸等有机酸具有阻止高含水量牧草表面霉菌的活动和降低草捆温度的效应。对于含水量为 20% ~ 25% 的小方捆来说，有机酸的用量应为 0.5% ~ 1.0%；对于含水量为 25% ~ 30% 的小方捆，有机酸的使用量不低于 1.5%。研究表明，打捆前含水量为 30% 的紫花苜蓿半干草，每 100 千克喷 0.5 千克丙酸处理，与含水量为 25% 的未进行任何处理的相比，粗蛋白质含量高出 20% ~ 25%，并且获得了较好的色泽、气味（芳香）和适口性。

4）**微生物防腐剂处理** 从国外引进的先锋 1155 号微生物防腐剂是专门用于紫花苜蓿半干草的微生物防腐剂。这种防腐剂使用的微生物是从天然抵抗发热和霉菌的高水分苜蓿干草上分离出来的短小芽孢杆菌菌株。它应用于苜蓿干草，在空气存在的条件下，能够有效地与干草捆中的其他腐败微生物进行竞争，从而抑制其他腐败细菌的活动。先锋 1155 号微生物防腐剂在含水量 25% 的小方捆和含水量 20% 的大圆草捆中使用，效果明显，其消化率、家畜采食后的增重都优于对照。

（三）质量评价

干草品质鉴定分为化学分析与感官判断两种。化学分析也就是实验室鉴定，包括水分、干物质、粗蛋白质、粗脂肪、粗纤维、无氮浸出物、粗灰分及维生素、矿物质含量的测定，各种营养物质消化率的测定以及有毒有害物质的测定。生产中常用感官判断，主要依据下列 6 个方面粗略地对干草品质做出鉴定。

1）**颜色气味**　干草的颜色是反映品质优劣最明显的标志。优质干草呈绿色，绿色越深，其营养物质损失就越小，所含可溶性营养物质、胡萝卜素及其他维生素越多，品质越好。适时刈割的干草都具有浓厚的芳香气味，这种香味能刺激家畜的食欲，增加适口性，如果干草有霉味或焦灼的气味，说明其品质不佳。

2）**叶片含量**　干草叶片的营养价值较高，所含的矿物质、蛋白质比茎秆中高 1～1.5 倍，胡萝卜素高 10～15 倍，消化率高 40%，因此，干草中的叶量多，品质就好。鉴定时取一束干草，看叶量的多少，禾本科牧草的叶片不易脱落，优质豆科牧草干草叶量应占干草总重量的 50% 以上。

3）**牧草形态**　适时刈割调制是影响干草品质的重要因素，初花期或以前刈割时，干草中含有花蕾，未结实花序的枝条也较多，叶量丰富，茎秆质地柔软，适口性好，品质佳。若刈割过迟，干草叶量少，带有成熟或未成熟种子的枝条的数目多，茎秆坚硬，适口性、消化率都下降，品质变劣。

4）**牧草组分**　干草中各种牧草的比例也是影响干草品质的重要因素，优质豆科或禾本科牧草占有的比例大时，品质较好，而杂草数目多时品质较差。

5）**含水量**　干草的含水量应为 15%～17%，含水量 20% 以上时，不利于贮藏。

6）**病虫害情况**　由病虫侵害过的牧草调制成的干草，其营养价值较低，且不利于家畜健康。鉴定时抓一把干草，检查叶片、穗上是否有病斑出现，是否带有黑色粉末等，如果发现带有病症，则不能饲喂家畜。

（四）饲喂技术

1. 苜蓿在畜禽生产中的应用　紫花苜蓿的利用方式有多种，可青饲、放牧、调制干草、草粉或青贮，对各类家畜均适宜，用鲜苜蓿喂乳牛，乳牛泌乳量高、乳质好。成年泌乳母牛每日每头可喂 15～20 千克，青年母牛每日每头可喂 10 千克左右。对舍饲的小尾寒羊或大尾寒羊，每只每日喂 2～3 千克。用鲜苜蓿喂猪、鸡时，多利用植株上半部幼嫩枝叶，切碎或打浆饲喂效果较好。

苜蓿的干草或干草粉是家畜的优质蛋白质和维生素补充料，但在饲喂单胃动物时喂量不宜过多，否则对其生长不利。如鸡日粮中有 20% 的苜蓿粉时，生长显著下降。一般鸡的日粮中苜蓿粉可占 2%～5%，猪日粮以 10%～15% 为宜，牛日粮中可占 25%～45% 或更多，羊日粮在 50% 以上，肉兔的日粮中以 30% 左右最佳。

值得注意的是紫花苜蓿茎叶中含有皂角素，有降低液体表面张力的作用，牛、羊大量采食鲜嫩苜蓿后，可在瘤胃内形成大量泡沫样物质，引起臌胀病，使产奶量下降甚至死亡，故饲喂鲜草时应控制喂量，放牧地最好采取用无芒雀麦、苇状羊茅等禾本科草与苜蓿混播。

2. 多花黑麦草在生产中的应用　黑麦草品种很多，其中多花黑麦草应用范围最为广泛。多花黑麦草因其优良的生长特性和品质好、各种家畜喜食、适于集约化栽培利用等特点，深受欢迎，已成为目前农区种植较广、播种面积较大的牧草之一。多花黑麦草在抽穗期刈割，其干物质中含粗蛋白质含量 18% 以上，粗纤维含量 24% 以下，质嫩多汁，适口性好，是牛、羊、兔、鹅等草食畜禽的优质青饲料，还可用作猪、鱼等的青饲料，研究发现，用多花黑麦草代替部分精料饲喂奶牛，具有改善瘤胃内环境，减少酸中毒，提高受胎率和奶产量，试验组每天每头饲喂多花黑麦草 15 千克，比对照组的产奶量增加 5 千克，增长 20%。

生长肉猪饲喂一定量的多花黑麦草可明显降低养猪成本，饲喂 44.04% 多花黑麦草组比对照组减少精料消耗 30.5%，每头猪平均节约精料 49.16 千克，鲜草 527.06 千克，每头肉猪饲料成本下降 58 元，养猪效益增加 51.3 元。研究还表明随着多花黑麦草摄入量的增加，肌肉中肌苷酸的含量随之增加。由于肌苷酸是一种重要的风味物质，其含量增加就会增加肉的鲜味，也就是说用多花黑麦草替代部分精料有助于改善肉质的风味。

3. 燕麦草在生产中的应用　燕麦叶多茎少，叶片宽长，柔嫩多汁，适口性强，是一种极好的青刈饲料。青刈燕麦可在拔节至开花时刈割，各种禽类、兔、鱼都喜食，喂猪可粉碎或打浆再饲用。若抽穗后刈割，产量高，可以饲喂牛、羊、马等草食畜为主。青刈燕麦营养丰富，干物质中粗蛋白质含量 14.7%、粗脂肪 4.6%、粗纤维 27.4%、无氮浸出物 45.7%、粗灰分 7.6%、钙 0.56%、磷 0.36%、产奶净能为 6.40 兆焦 / 千克。饲喂青刈燕麦可为畜禽提供早春的蛋白质和维生素，可节约精料，降低成本，提高经济效益。

燕麦干草的纤维消化率较高，其蛋白质、脂肪、可消化纤维高于小麦、大麦、黑麦、谷子、玉米，而难以消化纤维较少，营养价值丰富，适口性也较好。崔占鸿等研究发现，豆科牧草（苜蓿青干草）的中性洗涤纤维、酸性洗涤纤维和木质素均低于禾本科牧草（燕麦青干草）。妊娠母猪日粮中添加一定比例的燕麦青干草不仅能够稀释妊娠前期的日粮浓度，也能大大降低母猪的养殖成本，增加养殖户的收入。梁晓兵等在母猪的日粮中添加燕麦青干草粉，能够降低血清尿素氮、低密度脂蛋白胆固醇、总胆固醇、皮质醇浓度，增加了血糖、黄体酮和泌乳素的含量，其中以中纤维组效果最显著。

燕麦草是饲用价值较好的一种牧草，其对牛、羊、马的消化能分别达 9.17 兆焦 / 千克、8.87 兆焦 / 千克和 11.38 兆焦 / 千克。

七、牧草青贮标准化生产技术

新鲜的、萎蔫的或半干的青绿饲料（牧草、饲料作物、多汁饲料及其他新鲜饲料）在密闭条件下利用青贮原料表面上附着的乳酸菌或者添加剂的作用下，抑制不良微生物发酵，促进乳酸菌发酵，使青贮原料 pH 下降而保存得到的饲料叫青贮饲料，这一过程称为青贮。

青贮饲料具有营养丰富、原料广泛等优点，同时青贮饲料经微生物发酵后可产生乳酸、乙酸、琥珀酸及醇类等具有芳香气味的物质，可提高饲料的适口性，且易于反刍家畜消化吸收，进而可提高牛羊的繁殖力、饲料转化率、泌乳率，而且在青贮饲料制作过程中还可添加各种精料和补充料，如丙酸、尿素等，混合后的青贮饲料可成为牛羊生长需要的"完全日粮"，充分满足营养需要，进而促进牛羊健康生长，因此在畜牧业生产中应用越来越普遍。

（一）牧草青贮技术分类

牧草青贮技术有以下几种：根据青贮原料含水量不同，可将牧草青贮技术划分为常规青贮、半干青贮以及高水分青贮几类。

1. 常规青贮　将含水量在 60% ~ 70% 的青贮原料进行青贮调制，是目前应用最广泛的青贮形式。常规青贮利用乳酸菌发酵制造的酸性环境抑制腐败菌繁殖，保存营养物质。

2. 半干青贮　又称低水分青贮，是将青贮原料含水量降低至 45%，切碎，装填至青贮窖内。此时含水量使细胞处于接近于生理干燥状态，某些腐败菌和霉菌，甚至乳酸菌活动和微生物活性都因水分限制而被抑制，这样营养成分就被保存下来。

3. 高水分青贮 是把收获的原料直接青贮。由于不经过晾晒和水分调节环节，能够减少天气情况影响和田间管理损失，而且作业简单，效率高。高水分青贮在田间管理损失较小，但是由于原料含水量较高，在青贮过程中会产生渗出液，带走一部分干物质，增加营养物质的损失；而且在高水分的环境下，梭菌发酵很难得到抑制，甚至发生腐败，降低青贮饲料的发酵品质。为了保证发酵品质，有必要使用添加剂等调制措施。

我国生产中应用较多的是常规青贮。

（二）牧草青贮技术

1. 青贮发酵原理 青贮发酵是一个复杂的生物化学过程，创造厌氧环境，通过乳酸菌的发酵，使饲料中的糖类（一般应占饲料干物质的 8% ~ 10%）转变为乳酸。当乳酸在青贮原料中积累到一定浓度时，抑制了包括乳酸菌在内的各种微生物的繁衍，从而达到长期保存饲料的目的。

密闭的环境中，牧草饲料中残存的氧气被植物的酶和好氧微生物消耗殆尽，如果原料的含水量较高，会接着进行厌氧发酵，可溶性糖转化成为酸类物质，饲料中的营养物质被保存下来，成为青贮饲料。青贮过程中氧气消耗的速度主要决定于原料的压实程度和密封效果。密封的目的在于创造出厌氧环境，防止贮存过程中外部的空气进入青贮环境，使好氧微生物保持活跃，并消耗青贮饲料的营养物质，使之失去饲喂价值。可溶性糖转化为酸类物质虽然会造成一定的损失，但是可以抑制不良微生物的活动，尤其是梭状芽孢杆菌和大肠杆菌的活动。梭状芽孢杆菌在自然状态下主要存于土壤和泥浆中，在收获的过程中有可能被收获机械带入青贮原料，也有一些以孢子的形式存在于牧草上，在厌氧条件下开始增殖，将营养物质转化为丁酸并降解氨基酸。大肠杆菌是兼性厌氧微生物，能发酵糖类物质产生乙酸、乙醇和其他发酵产物，并使氨基酸降解。除梭状芽孢杆菌和大肠杆菌之外，其他细菌群（杆状菌、乙酸菌、李斯特菌和丙酸菌等）也可能在青贮过程中起作用。

2. 青贮发酵过程

第一阶段：好氧呼吸。此过程预需经历 1~3 天，这一阶段时间越短越好。

封窖后有两种生化反应，一种是霉菌、腐败菌为主的微生物生化反应，另外一种是植物细胞呼吸生化反应（刚切碎的青绿植株中细胞并未死亡，细胞仍然在进行呼吸作用和酶解变化）。它们会利用青贮中残留空气进行生化反应，产生大量的热、二氧化碳、水、氨气等，导致青贮的干物质、蛋白质和能量损失，并产生霉菌毒素。如果有氧反应阶段时间过长，很容易产生高温而杀死乳酸菌，致使饲料发生霉变。

第二阶段：乳酸发酵阶段。

经过好氧呼吸阶段，青贮内氧气耗尽，好氧微生物停止活动，形成厌氧状态；乳酸菌迅速增殖，形成大量乳酸，pH 下降，抑制其他微生物的活动；pH 下降到 4.2以下时，乳酸菌本身活动也受到抑制。此过程需历时 2 ~ 3 周，主要受温度和水分含量的影响。此过程主要是乳酸菌（有益菌）和梭菌（有害菌）二者的竞争，结果决定着青贮发酵的成败。如果梭菌成为优势菌群，则青贮将形成丁酸发酵，不仅强酸、恶臭造成奶牛流产，同时还造成异味、抗生素假阳性等一系列原奶安全隐患。

第三阶段：稳定阶段。

随着 pH 下降和乳酸菌活动的减弱，青贮会进入第三个时期：稳定阶段。进入这个时期后，微生物的活动几乎停止，只有一些耐酸的碳水化合物酶类还能继续发挥作用，将植物组织继续水解，生成少量可溶性碳水化合物，补充发酵底物。此外，还有一些耐酸的蛋白酶将含氮化合物转化成氨。在这种情况下，乳酸菌的活动也被乳酸和低 pH 的环境抑制，不耐酸的杆菌和梭菌形成孢子，耐酸的酵母转化为无活性状态。在这一阶段，营养物质损失较少，青贮饲料质量稳定。

第四阶段：开窖有氧阶段。

当青贮饲料开启使用后，青贮容器打开，氧气可以进入青贮设施表面，甚至达到青贮饲料 1 米深的内部。大量的有害微生物在氧气存在的环境下从休眠状态中转换至生长状态，尤其是酵母菌和霉菌，造成青贮二次发酵，导致青贮的干物质、蛋白质和能量损失，并产生霉菌毒素。

3. 青贮设施 青贮设施是指装填青贮饲料的容器，主要有青贮窖、青贮壕及青贮袋等。对这些设施的基本要求是：场址要选择在地热高燥、地下水位较低、距离畜舍较近，而又远离水源和粪坑的地方。装填青贮饲料的建筑物要坚固耐用，不透气，不漏水。尽量利用当地建设材料，以节约建造成本。

1）青贮窖 青贮窖以砌体结构或钢筋混凝土结构建成的青贮设施，是我国最普遍的青贮容器，形状有圆形、长方形、马蹄形等，修建方式有地下式和半地下式。青贮窖造价较低，规格灵活，作业方便，可以由混凝土或者泥土制成，但是贮存损失较大。圆形青贮窖占地面积小，容积大，但是使用过程比较麻烦。圆形窖使用时需要将窖顶泥土揭开一层层取用，由于窖口较大，如果取用量小，冬季青贮料容易冻结，而夏季容易发生霉变。

在装填青贮料前，土质青贮窖四周要铺上塑料布，第二年使用时注意消毒、清除残留的饲料和泥土，铲掉旧土层，防止污染。如果长期使用，可以建造砖混青贮窖，青贮窖内部用水泥抹匀，形成较光滑的内壁，使青贮料分布均匀，利于压实。青贮窖底部不能用水泥，仅用砖石铺满，有利于青贮料汁液渗漏。有条件的话，还可以在青贮窖上方建一个顶棚，避免日光和雨水造成损失。

青贮窖高度不宜超过 4.0 米，宽度不少于 6.0 米为宜，满足机械作业要求，长度40 米以内为宜；日取料厚度不少于 30 厘米。可根据青贮饲料的实际需要量建设数个连体青贮窖或将长青贮窖进行分隔处理。青贮窖墙体呈梯形，高度每增加 1 米，上口向外倾斜 5~7 厘米，窖的纵剖面呈倒梯形。青贮窖底部有一定坡度，坡比为 1 :（0.02~0.05），在坡底设计渗出液收集池。青贮窖的墙体应采用钢筋混凝土结构，墙体顶端厚度 60~100 厘米；如果采用砖混结构，墙体顶端厚度 80~120 厘米，每隔3 米添加与墙体厚度一致的构造柱，墙体上下部分别建圈梁加固。窖底用混凝土结构，厚度不低于 30 厘米。青贮窖容积按式（1）的计算：

$$V=G/D \tag{1}$$

式中：

V——青贮窖容积，单位为立方米。

G——青贮饲料年需要量，单位为千克。

D——青贮饲料密度，单位为千克 / 立方米。

2）青贮壕 青贮壕是利用长条状的壕沟进行青贮，一般分为地下式和半地下式。壕沟两端呈坡状，逐渐升高至地面。青贮壕造价低，对建筑材料要求低，也便于机具进行装填和取用。青贮壕的缺点是密封面积大，贮存的营养损失率高，冬季青贮饲料易形成冻块，夏季又容易有氧变质，在恶劣的天气条件下，不容易取用。

青贮壕的建造追求"平""直""弧"，"平"是指青贮壕的壕壁平整，防止填入青贮料后出现空隙，造成霉变；"直"是指壕壁上下垂直不倾斜；"弧"是指侧壁与壕底最好呈现弧形，如果由于其他原因，建成的青贮壕侧壁与底界呈现直角，可能造成青贮料压实程度不够，交界处发生霉变。

青贮壕一般建设在地势较高、避风向阳、有排水设施、饲喂方便的地方。近年来也出现了建造在地上的青贮壕，在平地上建起平行的两面水泥墙，墙之间就形成了青贮壕，这种地上式的青贮壕便于机械化作业，也便于排水。

3）青贮袋　根据塑料袋的容积大小，青贮袋可分为小型和大型两类。

（1）小型塑料袋　青贮用塑料袋应无毒无害，不易损坏，以黑色不透光或者半透光为佳。目前市场上也有专用的青贮袋，不易老化，可以重复使用。农户也可以使用化肥袋或者农用乙烯薄膜袋，或者将两者套起来使用。这种类型青贮袋制成的是小型塑料袋青贮。

（2）大型塑料袋　大型塑料袋适合大批量青贮，生产效率较高，采用使用袋式灌装机，将青贮袋套在灌装口上，用输送器将切碎的牧草送入灌装口，然后制成高密度的青贮，完成发酵过程。青贮袋在存放过程中可能发生损坏，需要及时用黏结剂修补。袋装青贮技术的出现，使青贮饲料的使用进一步扩大。

4. 青贮过程

1）适时刈割　原料的刈割时期是影响青贮饲料质量的重要因素。刈割时作物的生长阶段和天气状况会影响原料的含水量、营养成分含量和干物质产量，随着牧草生育期走向成熟阶段，牧草干物质产量逐渐提高，而营养物质的消化率逐渐下降，要兼顾这些条件以尽可能满足青贮的要求，根据经验的总结和试验测定，专门种植用于青贮的作物，一般豆科牧草在花蕾期至盛花期刈割，禾本科牧草在抽穗期至乳熟期刈割，这个时期，牧草的含水量较合适，干物质产量和营养物质含量都较高。由于饲料牧草的含水量常受天气状况的影响，在天气干燥少雨的地区，应按上述时期适当提早刈割，在气候潮湿的地区或预报有大雨天气则可适当延迟刈割。

饲草作物在收获时要综合考虑生物产量和营养价值均衡性，也就是作物的营养生长阶段和生殖生长阶段哪个时期刈割能达到饲草的"最高性价比"。生物产量一般是在开花后达到最高，但产草量高而营养价值低；作物在生长前期，生物产量低但是营养价值高。玉米是最普遍的饲料作物，青贮玉米的最佳刈割时期是蜡熟期，此时玉米籽实胚线处在一半。实际上玉米成熟过程是淀粉的沉积过程，收获过早会降低淀粉含量，健康植株日增 $0.5\% \sim 1\%$ 淀粉，淀粉增加导致全株水分的相应降低，而不仅仅是秸秆和叶片的干燥。当玉米在 1/3 乳线与 2/3 乳线，淀粉含量差异会大于 6%，因此建议在籽粒乳线下移到 1/2 ～ 2/3 时收获。过早收获：籽粒成熟度不够，淀粉含量低；糖分高，易于过度产酸，采食量低；营养物质流失，营养价值丢失。过晚收获：淀粉含量高但消化率差，纤维消化率低；难于压实；发酵的质量差；保存期短。苜蓿青贮原料收获，刈割时期最好时期是现蕾期、初花期，建议现蕾期刈割，然后用添加剂补充，天气气象日历中连续 3 天降水概率为 0，割草机使用刈割压扁机，便于压实。

刈割高度取决于下一茬的新苗位置，要把下一茬的新苗留下。如果留得太短，会影响下一茬生长，留得太长也会挡住阳光影响下一茬的生长速度。而且刈割太低，会夹带泥土，泥土中含有大量的梭状芽孢杆菌，在青贮发酵过程中产生丁酸，影响青贮饲料品质。青贮玉米留茬低会因为粗纤维含量高，奶牛不易消化，但是留茬也不能过高，这样青贮玉米产量低，影响种植者的经济效益。建议留茬高度在 15~20 厘米。

2）水分调节　青贮原料的水分含量是决定青贮饲料发酵品质的主要因素之一。如果收获的原料含水量较高，达到 75% ～ 80%，即使原料的可溶性碳水化合物含量高也不能保证能调制成优质青贮饲料。青贮时如果水分过高，会产生"酸性"发酵或梭酸发酵，青贮饲料酸味刺鼻，无酸香味，营养物质损失大；水分过低，青贮原料不容易压实，则青贮发酵程度低，导致发霉变质。全株玉米青贮时最适宜的含水量为 65%，苜蓿等豆科牧草青贮时最适宜的含水量为 55% ～ 65%，禾本科牧草适宜青贮的含水量为 60% ～ 70%。

当原料水分含量太高时，可采取晾干法，利用晴天刈割饲料摊晾在田间至含水量合适时收回青贮。也可添加秸秆粉、糠麸类饲料或者其他含水量低的饲料调节整体含水量，混合青贮。当原料含水量太低时，可加入一定量的多汁饲料或直接喷洒水分。

3）切短　原料的切短是促进青贮发酵的重要措施。切短可以使装填原料容易，青贮容器内可容纳较多原料（干物质），并且节省时间；改善作业效率，节约踩压的时间；易于排除青贮容器内的空气，尽早进入密封状态，阻止植物呼吸，形成厌氧条件，减少养分损失；如使用添加剂时，能均匀撒在原料中；有利于家畜采食，提高饲料消化利用率。

切短的程度取决于原料的粗细、软硬程度、含水量、饲喂家畜的种类和铡切的工具等。对牛、羊等反刍动物来说，禾本科和豆科牧草及叶菜类等切成 2 ~ 3 厘米，玉米和向日葵等粗茎植物切成 0.5 ~ 2 厘米，柔软幼嫩的植物也可不切短或切长一些。对猪、禽来说，各种青贮原料均应切得越短越好。

玉米青贮的理论长度为 0.9~1.9 厘米，如果没有对玉米进行粉碎，切割长度可以为 0.9~1.2 厘米。要求切割时刀最好是非常干脆利落地切成段，而不是成丝状。对于玉米籽粒较硬、较干的青贮，在没有粉碎加工的情况下，最好保持比较短的切割长度。全株玉米进行青贮时应进行籽粒破碎，破碎的玉米籽粒更有利动物消化吸收，如果玉米乳线超过 1/2，将破碎装置中滚筒的间距设置为 1~3 毫米，能将 100% 玉米棒碾碎，能将 90%~100% 的玉米籽粒破碎。

4）填装与压实　青贮前，应将青贮设施清理干净，窖壁四周衬一层塑料薄膜，以加强密封和防止漏气渗水。先顺着窖墙铺一段透明膜，膜底端距窖底 50 厘米。铺膜的宽度为膜的自然宽度，单侧透明膜长度为（窖宽 + 窖高）/2+1 米，多出部分为重叠部分。装填时应边切边填，逐层装入，时间不能延长，速度要快。一般小型容器当天完成，大型容器 2 ~ 3 天装满压实。

（1）压窖设备　压实的程度与压窖设备的重量和压窖时间相关，这两个指标增加压实程度提高，当然有重的压窖设备优先选用，简单高效。干物质高的材料较难压实。一般认为压好后，单人站上去可以看到鞋底的边为好。压窖设备一般使自重 15 吨以上轮式拖拉机，根据青贮每日进料数量确定使用设备数量，依照每台 15 吨以上压窖设备每小时可压实 40 吨青贮料进行计算。如青贮干物质低于 25%，可考虑使用 150 马力以上自重 15 吨以上的链轨推土机专职负责推料。

（2）压窖方法　确定窖头位置，压窖方向，压窖起点距离窖头边界向内缩 5~10 米，压窖起点为青贮窖相对高的一端，压窖方向从高端逐步退向相对低的一端。青贮原料先铺满窖底，推平修出路，之后在青贮原料先卸到青贮窖的两边和底部，窖的两边位置压窖设备单轮贴近青贮墙壁来压实，窖底位置压窖设备双轮贴近压实，来料后进行压窖，保持馒头形状，并要求靠窖墙位置略高于墙内侧，即顺窖墙观察为 W 形状。除靠墙侧其余两面均可让压窖设备上下行走，行走方向与窖墙方向一致，行走过程中车辙压车辙每次移动半个车辙距离，行走速度不超过 5 千米 / 小时。每层增加高度依据材料干物质选择，一直到货物越过墙壁，形成压窖斜面，随后整体后退一直压到窖口。

（3）压窖坡度　压窖坡度30°为好，压实效果较好，安全系数大。如果青贮原料不足坡度要提高，在安全和压实的前提下，尽量提高坡度减少暴露在空气中的表面积，减少制作过程中干物质损失，减少青贮汁液形成。

（4）安全压窖　青贮制作压窖过程有一定的危险性，新手必须经过一定的辅导再上岗，安全生产最重要。大型设备很难压实距离窖壁20厘米内的青贮。窖壁压实可采用小型压实设备或用人工踩踏压实，最好采用U形压窖法。

5）密封与管理　青贮窖装填完后应立即封窖。当青贮料高于窖墙后，逐步将青贮料形状调整为倒V形，压实窖头一端并开始逐段封窖，先将透明膜覆盖，透明膜上再覆盖黑白膜（白面朝外），封一段后及时用重物压实。如果装填工作被迫停工（例如遇到阴雨天气），必须要仔细地压实和盖严青贮窖及剩下的原料。

（1）分段封窖　因为压窖和封窖都是给乳酸菌提供厌氧的环境，在青贮压实一部分可以提前启动封窖工作，特别是夏天高温天气或者填窖速度较慢的情况下，更需要分段封窖。

封窖时两段膜接口应至少长1米，接口重叠部分平行对齐向顺风方向卷起至窖顶平整，用胶带粘牢防止接口展开，并防止下沉过程中拉开接口。黑白膜靠墙一侧需要搭在窖墙上，但不能超出窖墙，上面用物品压实，膜低于窖墙时应贴在窖墙上用物品压实。

（2）封窖后管理　青贮封窖后1周内会有10%左右的下沉，如果下沉幅度过大，说明压实密度不够。派专人管理青贮窖，发现透气等情况需要及时处理。要做好青贮窖的排水工作。在第一层塑料膜上覆盖草帘或毛毡，其上再加一层塑料膜可以预防冰冻。

（三）青贮饲料质量评价

青贮饲料发酵品质能够在一定程度上反映贮藏过程中的养分损失和青贮饲料产品的营养价值，高质量的青贮饲料不会损害家畜正常的生理功能和优良的生产性能。青贮饲料质量的优劣受到多个因素影响，如原料的种类与品种、收获时期及原料品质、青贮技术及保存条件等。对青贮饲料品质进行完整的评价需要通过感官和实验室两方面评价，分析青贮饲料的品质并评价其作为饲料的利用价值。

1. 样品的采集 样品采集是开展青贮饲料质量管理的第一步，获得代表性样品是客观、准确评价青贮饲料品质的前提，必须采取科学的采样技术以获得代表性样品。青贮饲料采样时应遵循青贮饲料取样技术规程，根据青贮饲料的总量来确定采集样品的数量以及最小样品量。

2. 感官评定 感官鉴定是根据青贮饲料的气味、色泽和质地等指标，评定青贮品质。评价者对青贮饲料从气味、颜色、手感等感官评价的基础上，根据经验及青贮饲料的评价标准判断饲料对应的等级。从评判方法来说，感官鉴定受到一定的主观影响，所以对评价者要求经验丰富，通常情况下需要综合多个评价者的意见，较为客观地进行青贮饲料的评价。

3. 实验室鉴定 为了获得更精确的青贮品质评价，需要进行实验室鉴定，主要通过对青贮设施样品进行化学分析来判断发酵情况，主要包括测定 pH、有机酸（乙酸、丙酸、丁酸、乳酸）的总量和构成、氨态氮占总氮的比例等。不同青贮饲料成分见表7-1。

表7-1 不同青贮饲料成分

	玉米青贮	豆科植物	禾本科牧草	高水分玉米
乳酸	> 5	> 3	> 3	> 1
乙酸	< 3	< 3	< 3	< 1
乳酸 / 乙酸	1.5~4.0	2~3	2~3	2~3
丙酸	< 1	< 1	< 1	< 1
丁酸	< 0.1	< 0.1	< 0.1	< 0.1
总酸 VFA	5~10	5~10	5~10	5~10
PH	< 4	< 5	< 5	< 4.5
氨	0.6~1.0	1.5~2.5	1.0~1.9	0.4~1.0
氨态氮 / 总氮	8~15	10~15	10~15	10~15

4. 安全性评价 现代奶业生产中，全株玉米青贮饲料在奶牛日粮中占有很高的比例，其安全性直接影响奶牛的健康和牛奶的质量安全。目前，在全株玉米青贮饲料中存在的安全性问题主要集中在硝酸盐和霉菌毒素方面。硝酸盐可在奶牛瘤胃内还原引起奶牛的慢性或急性中毒反应，造成奶牛生产性能下降、流产等，饲喂不同硝态氮含量青贮饲料的注意事项见表 7-2。

表7-2 饲喂不同硝态氮含量青贮饲料的注意事项

青贮饲料中的硝态氮浓度（毫克/米³）	注意事项
0~1 000	饲喂充足的饲料和饮水，安全
1 000~1 500	妊娠牛不得超过日粮干物质50%
1 500~2 000	所有牛不得超过日粮干物质的50%
2 000~3 500	占日粮干物质的35%~40%。禁止饲喂妊娠牛
3 500~4 000	不得超过日粮干物质的20%，禁止饲喂妊娠牛
5 000以上	不得饲喂

黄曲霉毒素、玉米赤霉烯酮、赭曲霉毒素等霉菌毒素通常在劣质全株玉米青贮饲料中存在，是引起牛羊中毒素超标的诱因之一，检测全株玉米青贮饲料中的霉菌毒素也是确保牛奶质量安全的重要环节。青贮饲料中含有的霉菌毒素，源自饲草收获前污染的镰刀菌和曲霉菌以及青贮后常见的产毒霉菌。饲料中霉菌毒素的合成受环境和生理条件的影响。霉菌一般在温度10~40℃、pH 4~8的环境条件下生长。如果氧气没有限制，霉菌能在潮湿的青贮饲料中生长。此外，延迟收获、放料速度慢、啮齿动物造成的植物损害等都会为霉菌增殖和霉菌毒素产生创造条件。对已经存在霉菌毒素污染的饲草产品及原料，应采取合适的措施对霉菌毒素污染进行控制。目前，主要的霉菌毒素去除方法有：传统的物理化学方法、吸附剂吸附法以及最新的生物降解法。传统的物理化学方法存在效果不稳定、营养成分损失较大以及难以规模化生产等缺点，难以广泛应用。

此外，在玉米种植地存在工业污染危险的地区，也需要检测青贮饲料中的重金属残留以确保饲料的安全性。

（四）饲喂技术

1. 取料 青贮饲料发酵完全后可以开窖取用，但需要注意开窖时间和开窖方法。青贮饲料进入稳定阶段的时间因青贮原料的不同而有所差异。一般来说，含糖量较高，含水量适宜，容易青贮的饲草，如玉米、苏丹草及高粱等禾本科牧草发酵30 ~ 35天就可以开启使用，质地较硬的玉米秸秆需要推迟到50天左右；豆科牧草，如苜蓿及其他含蛋白质丰富的饲草，由于含糖量较低，缓冲能较高，属于不易青贮的饲料，达到青贮稳定阶段过程需 50 天以上。取用青贮饲料时，一定要从青贮窖的一端开口，按照一定厚度，自上而下分层取用，保持表面平整，要防止泥土的混入，切忌由一处挖洞掏取。

每次取料量应足够 1 天饲喂，依据饲喂次数随用随取，保持新鲜。以青贮压实体积 700 千克/米^3，每次取料深度 15 厘米，奶牛每头每天采食 20 千克青贮料为例，利用公式 $A=（N×20）/（B×700×0.15）$（A 取料宽度，B 青贮窖高度），可以有效确定每天取青贮料截面面积，然后修整取料面，防止霉变。青贮制备过程中难免出现压不实，刈割时机偏差等问题，开窖后如果未及时封窖，容易出现二次发酵，霉变及发黑、发臭等现象。因此取料后使用草垫或塑料薄膜及时封窖可避免二次发酵；品质越好的青贮开窖过早越容易发生二次发酵，导致青贮糖分损失 10%~24%，因此延长青贮发酵时间，有效降低青贮 pH 可以阻止真菌等引起二次发酵。

2. 饲喂　青贮饲料可以作为草食家畜牛羊的主要粗饲料，一般占饲粮干物质的 50% 以下。青贮料是一种良好的多汁饲料，但是，没有喂过青贮饲料的牲畜，开始饲喂时多数不爱吃，经过一个驯食阶段后，几乎所有的家畜都喜采食。驯食的方法是，在牲畜空腹时，第一次先用少量青贮饲料与少量精饲料混合、充分搅拌后饲喂，使牲畜不能挑食。经过 1~2 周不间断饲喂，多数牲畜一般都能很快习惯。然后再逐步增加饲喂量。饲喂青贮饲料最好不要间断，一方面防止窖内饲料腐烂变质，另一方面牲畜频繁变换饲料容易引起消化不良或生产不稳定。在饲喂初期，青贮饲料的量应当少一些，逐渐增加到足量。有条件的养殖户可以将精料、青贮饲料、干草搅拌均匀，制成"全混合日粮"饲喂，效果会更好。在饲喂过程中，如果家畜有腹泻现象，应减少青贮饲料的比例或停止饲喂，待恢复正常再继续饲喂。

青贮饲料在时饲喂需要和其他饲料合理搭配使用。青贮饲料由于含水量较多，不能满足家畜，尤其是产奶母畜、种公畜和生长育肥家畜的营养需要。另外，长期单一饲喂青贮饲料，家畜会发生厌食或拒食现象。牛对青贮饲料的干物质自由采食量低于有效能量相同的青刈饲料或干草，牧草青贮较玉米青贮降低进食量更明显。为满足家畜的营养需要，青贮饲料需要与干草、青草、精料和其他饲料搭配使用。

不同家畜青贮饲料的饲喂量可以参考表 7-3。

表7-3　不同家畜青贮饲料的饲喂量

家畜种类	适宜喂量（千克／头）	家畜种类	适宜喂量（千克／头）
产奶牛	15.0 ~ 20.0	犊牛（初期）	5.0 ~ 9.0
育成牛	6.0 ~ 20.0	犊牛（后期）	4.0 ~ 5.0
役牛	10.0 ~ 20.0	羔羊	0.5 ~ 1.0
肉牛	10.0 ~ 20.0	羊	5.0 ~ 8.0
育肥牛（初期）	12.0 ~ 14.0	仔猪（1.5 月龄）	开始驯饲
育肥牛（后期）	5.0 ~ 7.0	妊娠猪	3.0 ~ 6.0
马、驴、骡	5.0 ~ 10.0	初产母猪	2.0 ~ 5.0
兔	0.2 ~ 0.5	哺乳猪	2.0 ~ 3.0
鹿	6.5 ~ 7.5	育成猪	1.0 ~ 3.0

青贮饲料中含有较高的酸性物质，母牛采食后会产生过多的挥发性脂肪酸等酸性产物，这些酸性产物在母牛体内不断累积，致使矿物质吸收紊乱及其他消化功能紊乱等，进而母牛便会出现屡配不孕、流产、早产、产弱犊及产后皱胃变位等问题。给母牛饲喂青贮饲料的关键在于控制饲料酸性，首先，可控制青贮饲料在日粮中的比例，对于怀孕母牛来说，青贮饲料在日粮中的比例不宜超过25%，然后还需要合理配比精料和青干草；其次，可在日粮中添加适量的小苏打（碳酸氢钠），用于中和饲料酸性和瘤胃酸，防止母牛出现酸中毒；最后，要特别注意日粮中矿物质、微量元素及维生素的补充，可通过饲料多元化搭配、添加预混料等方式补充此类营养物质。母畜妊娠后期不宜多喂，产前15天停喂。劣质的青贮饲料有害畜体健康，易造成流产，不能饲喂。

在冬季，需要避免青贮饲料冻结，可以在青贮饲料外部盖上干草或毛毡。饲喂冻结的青贮饲料后，反刍动物的瘤胃温度下降，少量摄食影响不大，大量摄食会消耗大量的体热，对家畜的呼吸、循环等系统造成不良影响。

饲喂时还应该做好饲喂管理工作，每天要及时清理饲槽，尤其是死角部位，把已变质的青贮饲料清理干净，再喂给新鲜的青贮饲料。

参考文献

［1］ 洪绂曾.苜蓿科学［M］.北京：中国农业出版社，2009.

［2］ 王成章，王恬.饲料学实验指导［M］.北京：中国农业出版社，2006.

［3］ 侯向阳，时建忠.中国西部牧草［M］.北京：化学工业出版社，2003.

［4］ 任长忠，胡跃高.中国燕麦学［M］.北京：中国农业出版社，2013.

［5］ 杨海鹏，孙泽民.中国燕麦［M］.北京：中国农业出版社，1989.

［6］ 全国畜牧总站.中国审定草品种集（2007—2016）［M］.北京：中国农业出版社.2017.

［7］ 曹致中.草产品学［M］.北京：中国农业出版社.2005.

［8］ 戴素英，曹岩坡.菊苣栽培及利用［M］.北京：中国三峡出版社，2007.

［9］ 王成章，王恬.饲料学［M］.北京：中国农业出版社，2011.

［10］ 玉柱，贾玉山.牧草饲料加工与贮藏［M］.北京：中国农业科学技术出版社，2010.

［11］ 玉柱，孙启忠.饲草青贮技术［M］.北京：中国农业大学出版社，2011.

［12］ 玉柱，贾玉山.草产品加工与贮藏学［M］.北京：中国农业科学技术出版社，2019.